人生经营课

做个有出息的青少年

李凡◎编著

中国纺织出版社有限公司

内 容 提 要

作为年轻人，我们都对未来心存希冀，都希望闯出一番事业来。然而，社会复杂，无论是做人还是做事，都要学会经营，运筹帷幄，才能把握好人生，处处游刃有余。

本书分为两大部分，第一部分是告诫我们人心难测，我们要学会保护自己；第二部分是告诉我们如何保持率真纯粹的心。本书能为“闯荡”社会的我们指点迷津，帮助我们尽量少走弯路，获得更多成功的机会。

图书在版编目（CIP）数据

人生经营课 / 李凡编著. --北京：中国纺织出版社有限公司，2020. 9
（做个有出息的青少年）
ISBN 978-7-5180-7402-0

Ⅰ. ①人… Ⅱ. ①李… Ⅲ. ①成功心理—青少年读物 Ⅳ. ①B848.4-49

中国版本图书馆CIP数据核字（2020）第076534号

责任编辑：江　飞　　责任校对：韩雪丽　　责任印制：储志伟

中国纺织出版社有限公司出版发行
地址：北京市朝阳区百子湾东里 A407 号楼　邮政编码：100124
销售电话：010—67004422　传真：010—87155801
http: //www.c-textilep. com
中国纺织出版社天猫旗舰店
官方微博 http：//weibo.com/2119887771
三河市宏盛印务有限公司印刷　各地新华书店经销
2020年9月第1版第1次印刷
开本：880 × 1230　1/32　印张：6
字数：108千字　定价：25.00元

前言

我们从小努力学习，在各个考场上拼杀，一路过五关斩六将，顺利进入理想的大学，然后研习精湛的专业技能。我们天真地以为，只要努力就能在进入社会后大展拳脚，然而，当我们真正步入职场和社会后，却发现似乎只有知识并不能让人生得意，并且，我们还会为这样一些事困扰：你有口无心的一句话就得罪了别人；掏心掏肺对待他人，却被人出卖；只知道努力工作，不懂得表现自己，老板总是看不到你的成绩，升职加薪也总是与你无缘……如果你曾有这些经历，那么，你要反省自己，你是否真的长大了。

有人说，任何人可以拒绝任何事物，但不可能拒绝成长，长大是每个人必经的过程，因此，你再也不要用天真的心态和为人处世方式来面对你周围的世界了！纷繁复杂的社会绝不是你幻想中的童话王国，你只有适应它，学会经营自己的人生，才能避免处处碰壁。

的确，一旦我们离开校园，就是离开父母、师长、学校和家庭的保护，就要接受社会的洗礼，接受成人间激烈的竞争，竞争是残酷的，你不懂法则，就会撞得头破血流，你要想实现梦想，就要学会经营自己的人生。

你一定要明白：到了这个年龄，你若希望拥有“得道多助”的人际关系、拥有畅通的职场晋升渠道、拥有和谐的家庭关系，你就要学习如何做人和做事。的确，我们生存的这个社会的任何活动都是有规则的，社会才是人生的大课堂，那些在学校课堂学不到的东西，社会都会给你机会学习。在许多事情上，我们失败的原因常常有两种：一种是因为经验不足，另一种则是因为盲从经验。如果我们在人生的关键处能得到些许关心和点拨，也能少走些弯路，而这就是我们编写本书的初衷。

这是一本教导我们如何经营自己人生的经验书，书中每一条人生经验和法则都有强大的生命力。在生活中不断地奉行这些经验和法则，便能获取强大的精神力量，促使我们在激流勇进的同时保持一份应有的睿智和清醒，在通往成功的道路上健步如飞!

编著者

2019年12月

目录

上篇　单纯不是无知，初出茅庐要先保护自己

上篇

单纯不是无知，初出茅庐要先保护自己

第1章　单纯不是无知，防止自己栽跟头

初入职场的人，往往想法单纯，以对抗的姿态出现在社会中，等待他的必然是事事不顺、处处碰壁。如果想要立足于世，你就必须学会接受现实，通晓人情世故。如果你不想被别人控制，就得先控制自己的情绪，在必要时伪装自己，深藏不露。在有些时候，我们更是要始终留一手，以防患于未然，凡事多长两个心眼，这样才能融通处世，一生顺达。

褪去身上的学生气，多一些世态心

对于很多职场新人来说，由于长期受校园文化熏陶，社会经验较少，往往持有很单纯的想法。这种学生气的外在表现就是不通人情世故，以学生的视角感知周围的一切，有时对社会还存有一种对抗心理。这个社会自有它的规则，这是永远无法从书本上学到的东西。如果你不留意，而是贸然冲撞，就会时时受阻、处处碰壁。

据调查，从学校毕业进入工作岗位后，尽管人们大都对未来充满美好憧憬，但由于生存环境的改变及角色转换的压力，使得这些社会新人倍感紧张，有半数以上会出现“社会不适症”。如果不能尽快褪去学生气，就会与新环境产生摩擦、碰

撞，工作也难有成绩与突破，从而影响到自己的未来。

所以，进入社会后，我们需要做的就是尽快成长和成熟起来，处处锻炼自己，尽早褪去学生气。踏入社会，懂人情世故是最基本的要求。人情世故指为人处世的方法、智慧。通晓人情世故的人，在交往沟通中，能站在对方的立场上行事；在坚持自己的原则时，能不伤及别人的尊严；在与人产生矛盾的时候，懂得向后退一步。

人情世故的一个重要心理要素是包容。做一个成熟的人，需要具备包容的心态。有句话说得好："如果你不能改变环境，那就试着包容。"任何人要想顺利地适应复杂多变的社会，就只能从自身开始做起。因此，我们在真诚、善良、宽容的基础上，也不应始终一成不变，而应该根据环境的变化作出相应的改变。

人际关系大师卡耐基认为，在漫长的一生中，谁都难免会遭受许多不愉快的事情。这时，如果我们深陷其中、为它忧闷，就容易给自己增添莫名的烦恼。如果我们抗拒它，就有可能导致人生的覆灭。显然，这两种方式都是不可取的。聪明的人会选择把它们当作不可逃避的事实，然后接受它、适应它。著名学者于丹说："人生没有弯路可言，接受一切结果，这就是一种坦然。"

我们都想不到，像于丹这样的人，成长的过程也并不是一帆风顺的。当年，北大硕士毕业的于丹被安排到北京的一家印刷厂工作，她每天干的活儿就是用汽油擦地上的油墨，还有其他很多体力活要干，手常常被磨出血，还经常被一些工人取笑。

在这种情况下，于丹没有怨天尤人，而是选择了适应，工作起来更加积极主动。一天，车间主任拿来一部很有价值的医学书稿，问："你们谁能做校对？"书稿里都是古文，一般人看不懂。于丹主动接受了这项任务。刚开始，主任对她的能力还将信将疑，但于丹仅仅花了一下午的时间，就把那部书稿校对完了。之后，于丹在厂里的地位一下子提高了，她的心态也更平和了，做什么都不再觉得辛苦，反而会从中找到乐趣。

在一次讲座上，于丹谈到了这段往事。当时，她对台下听众说了这样一段话："人不要不停地追问为什么，抱怨不公平。无法改变现状时，要迅速地接受下来。在你迷惑不解、怨天尤人的时候，可能有一些机遇已经被别人拿走了。所以要学会接受现状，但是接受永远不是消极、被动、唉声叹气地去忍受。"

面对现实，越牢骚满腹，就会越消极无奈，越容易走进死胡同，结果变得无路可走。而早早学会适应现实，就能从积极的角度去思考问题，把怨气变成干劲，把消极变成自觉，从而获得更多的发展机会。

社会是现实的，鱼龙混杂，不但有光明，也有黑暗。面对其中的一些人和事，我们必须学会适应它。我们无法控制不幸事情的发生，但我们可以控制自己的反应。如果我们为自己无能为力的事情而烦恼，那无异于作茧自缚，甚至自残。面对已经无法改变的事实，悲愤痛苦不如坦然接受。面对种种的困扰，很多人都会产生抵触心理，要么消极怠工，要么跳槽走人。但换个地方，发现问题同样存在，于是再换个地方重新开始。反复无常、浮躁难安，这正是很多大学生尽管已经毕业好几年，仍旧没有完成最基本转型的根本原因。其实，明白了社会和学校的要求不一样，明白了他人不可能以你为中心，以理性的态度尽早地接受现实，反而能过得更惬意。

如果想要立足于世，就必须学会去正视、接受现实。我们一定要试着去适应这个变化极快的社会，学会承受一切不可逆转的事实，对那些必然的事情主动而轻松地承受。只有这样才能真正做到游刃有余，不管任何时候，都能在变幻莫测的社会中“处变不惊”。

身在职场，多个心眼防“暗算”

俗话说：“防人之心不可无。”生活并不像我们想象得那么美好、单纯，总是充斥着尔虞我诈、勾心斗角，所以，不能没有防人之心。社会是复杂多变的，什么样的人都有，什么样的事情都可能发生。我们不能太天真、太单纯，要学会保护自己，防范他人。否则，就有上当受骗、被暗算的危险。

在当今的职场上，随着竞争的日益激烈，貌似风平浪静的职场，实则暗流汹涌。有时候，同事之间难免会发生一些利益上的冲突，虽然绝大多数人都是善良的，但是我们也免不了会遇见“另类”的人物，这就提醒我们每一个身在职场的人要睁大眼睛、小心防范，切不可毫无心机，被别人所利用。

在某市机关的办公室里，康林与李辉是很好的朋友。他们既是同学关系又是同事关系，所以两人都很珍惜这份缘分。后来，局里要在他们办公室选拔一位科长。他们俩的能力都很突出，尤其是康林，工作能力强，人缘很好，所以大家一致认为非他莫属了。

等结果下来后，令大家吃惊的是，中选的不是康林，而是李辉。大家都想不通是怎么回事。原来，李辉得知这次选拔是在他与康林之间进行时，他的私欲极大地膨胀起来，于是暗下决心，一定要把康林挤掉。但他也明白，如果搞公平竞争，自己不是康林的对手，他只能靠小动作取胜。于是，他四处活动，在领导面前极尽献媚之能事，除大大夸张自己的能力外，还处处给领导一个暗示——康林有许多缺点，他不适合这份工作。他俩相处多年，找出一些对方的失误毫无困难，加之李辉又编造了一些似乎很有说服力的证据，他的这种阴谋活动终于让康林被淘汰出局。

同事又兼好友，这种关系在职场中最为危险。因为你们彼此都知情知底，很容易揭对方的短。所以处于竞争当中，必须时刻小心提防，特别要对知根知底的“朋友”防一手。康林之所以处于一种“防不胜防”的被动而尴尬的境地，是因为他没有明白这一点：对关系再近的人也得防一手，否则就会成为受害的羔羊。

人性究竟是善还是恶，绝非三言两语能够说清楚。在现实生活中，我们在与人打交道时的确要谨慎小心，对人不妨有一些防范对策，以防万一。如果你做人太单纯，没有一点心机，就容易被别人欺骗，吃亏上当。你不必埋怨别人太卑鄙，只能怪自己做人太单纯、太大意。

杨菊和赵娜在同一家公司上班，她俩年岁相差不太大，平时关系很好。年终时公司搞了次推广策划评比，将对方案优胜者予以奖励。杨菊紧紧抓住这个机会，经过半个月的深入调研，加上平时对市场工作的观察思考，很快做出了出色的策划案。

方案征集的最后一天，赵娜说：“我还真有点紧张，小菊你帮我看看，提提意见。”杨菊一口应承下来。末了，她觉得赵娜的策划很是一般，没有什么创意，她没好意思多说什么。赵娜用请求的目光盯着杨菊：“我也看看你的方案吧。”杨菊同意了。

第二天的评比会上，赵娜按规则首先发言。让杨菊吃惊的是，赵娜讲述的方案跟自己的竟然一模一样，讲解后还对老板说："很抱歉，我的电脑中了病毒，文件打不开了。所以，我现在只能讲述自己的口头方案，我会尽快整理出书面材料的。"杨菊听得目瞪口呆，万万没想到昔日的好同事如此卑鄙，竟会在光天化日之下抢自己的功劳。可这又能怪谁呢？在座的谁会想到呢？她不敢再把自己的方案交上去，也不敢申诉，她资历浅，怕老板不相信自己。开完会后，赵娜得了第一，她急匆匆地离开了，从此再也没有理杨菊。

杨菊气得伤心地离开了这家公司……

在现实社会里，欺骗与狡诈无处不在，大到国际争端，小到个人关系，人生从某种角度看就是一场战争。在人际交往的明争暗斗中，各种手段是层出不穷、令人防不胜防的。在人生这场战争中，为了求生存，必须有谨慎的生活方式和态度，否则，就容易上某些人的圈套，任人宰割。

按理说，与人相处应坦诚相待，不应该时刻保持警惕性，可是现在的社会职场，骗子小人无孔不入，稍不留神，就可能会吃亏上当，所以我们必须绷紧谨慎的弦。要防范主动帮你忙的人，谨防披着朋友外衣的"小人"，向别人倾吐心事要慎重，不要被表面现象迷惑，"谨慎"二字应时刻在心头。

为了保护自己，谨慎些没错，无论如何，防人还是必要的。在有些时候，我们更是要始终留一手，以防患于未然，凡事多长两个心眼，这样才能融通处世，一生顺达。

一味善良，容易遭人利用

每个人的心灵，都有其柔软的地方，再强势的人，也有他人不易察觉的弱点，这就是同情心。同情心是人与生俱来的本性。做人要善良、要有同情心，这是公认的道理。但如果放到某些具体的、特殊的场合中去考察，则不可简单了之，而是要把握同情心的分寸。单纯的人就是容易好坏不分，一味善良，结果常被别人利用。

一天，若冰出去逛街，在商场外面遇到了一个抱着小孩的女人。她向若冰诉说着生活的困苦以及在这个城市谋生的艰难，想让若冰给她一点钱，给小孩买一点吃的东西。

若冰看着她怀中那面黄肌瘦的小孩，动了恻隐之心，她给了那女人一百块钱。那女人道谢之后，带着小孩离开了。望着远去的母子，若冰叹息说："为什么世界上总有那么多的可怜之人呢？"或许，人生就是这样无奈。

当她准备进商场时，被一位大姐叫住了。她自我介绍说是社区的工作人员，她向若冰介绍了那个女人的情况。从她那里，若冰得知：那女人是一个骗子，每天都会带着小孩在这一带利用人们的同情心来骗取钱财，社区已经警告过其多次。他们一不小心，又让那女人钻了一个空子，把若冰也骗了一次。

若冰非常气愤，并不是因为被骗走的钱，而是因为被骗走的同情心。

带着小孩行骗，岂不是在教小孩以后继续行骗？如此反复下去，被骗的人越来越多，人们之间又谈何信任？在这种情况下，当遇到真正需要帮助、但又无法确定的人时，我们又将怎样选择？拒绝吗？那么那些真正需要帮助的人在得不到外界援助的情况下，他们该有多难呢？

真正需要帮助的人得不到社会的帮助，别有用心的人处心积虑地骗取着世人的同情，这到底是风气的沦丧，还是人性的堕落？生活在如今年代，有些人变得更爱依赖他人，更愿意不劳而获。我们富有同情心，却于不知不觉间陷入了别人设计的圈套；我们的同情心、正义感随时都可能被滥用，被当作他人创收的来源。

玛丽和贝沙是多年的老相识了。贝沙离婚后，独自生活了一段时间。最近，贝沙因经济情况将自己的房子卖了。于是玛丽邀请她搬到自己的家中居住。

玛丽同情贝沙，总是尽己所能地帮助她。为了减少她的生活开支，玛丽管她吃喝，分文不收。玛丽用自己的积蓄来满足贝沙的一切需要。半年后，贝沙搬走了，从此以后再没跟玛丽说过话。这一事件使玛丽感到，自己受到了伤害和虐待。她告诉朋友说：“我太快而且毫无保留地敞开自己的胸怀和钱包，慷慨地给予一切。我难以抑制自己的同情心，可是贝沙最后却翻脸不认人。”

为人单纯者认识不到给人同情应该适当节制，容易过分地表示同情。同情是一种良好的心态，而不是盲目地去为别人做很多事。为了真正做到与人为善，而不被伤害，务必要抑制自己过分行善的欲望。

同情心有时可以发挥很大的感化力量，但“过分同情”有时也会成为一个人生存的负担，甚至是致命弱点。“过分同情”容易使人动摇意志与理性，因此常在放弃自己的立场之后，又伤害了自己。例如，有些不怀好意的借债者，你在他苦苦哀求之后借给他许多钱，结果却一块钱也要不回来！

“过分同情”会成为你的弱点，成为人人想利用的把柄，在眼泪、温情、请求、孩子似的无辜与可怜之下，你将立场不稳，是非不分，成为最大的受害者。

可是，天生心软的人怎么办？难道注定要做个被利用者吗？答案是否定的。这样的人应该训练自己的思考与判断，用理性和智慧来指引自身的行为，而不要轻易被感情左右；要经过某种历练，才能成长、成熟，变得越来越果断。

对于我们来说，同情心不是说不应该有，而是要在施予中认清对象是否值得去给。真正的善做人者大都懂得把握同情的分寸，不会不分对象不加节制地慷慨付出一切。否则，一不小心，不但会使宝贵的同情心白白浪费掉，也容易令自己深受其害。

把喜怒哀乐挂脸上，只会遭人鄙夷

现实生活中，很多人并没有把控制情绪当成一件重要的事，总觉得情绪化是一种率直的表现，是一种很单纯的人格，他们都信奉一句话："做真实的自我。"于是在生活中，这些人从不掩饰自己的喜怒，开心的时候就笑，难过的时候就哭，烦躁的时候就发脾气。这些做法，在表面看来当然没有问题，甚至还是某种教育所推崇的。可如果你身体力行了，时间一久就会发现，自己已陷入泥沼。

你对情绪不加掩饰，所以周围的人都知道怎么调动你的情绪，人们可以轻松地让你笑，让你哭，甚至让你去大发脾气。一个经常把率直写在脸上的人，很容易受制于人。如果让这种率真一直跟随自己不去控制的话，最终只会一败涂地。

赵航毕业后到一家会计所实习。开始的时候，他干劲很高，但是不久，他就觉得很泄气，因为在这里他根本学不到什么会计业务，每天的工作总是和其他的人一起到外面去报税。但是老板说，去外面报税也是工作，为什么非要把自己局限在公司内部做账呢？

不久，赵航就递出了辞呈，老板惊讶地说："你再等两天，等闲下来会有人指点你。"赵航气愤地说："难道你就只顾自己的利益吗？我来这儿快一月了，每天在外面跑，就算大家清闲的时候，你也没有给我机会。"一句话把老板的火也拱上来了："那好，你走吧！现在算清你的工资，赶快走人！"就这样，赵航拿着自己微薄的工资回家了，只收获了一肚子气。

其实，很多刚毕业的大学生可能都会遇见和赵航一样的问题。比如，一些刚参加工作的新人，进入一个新的环境后，对这个看不顺眼，对那个也不喜欢，认为老板没多大本事，认为同事都不如自己，对公司的制度不满意，对一些潜规则更是不屑一顾。如果这种不满的情绪时常表露出来，肯定是对自己的人际关系非常不利的。

人应该学会保护自己，心里有什么想法，不要轻易地表露出来。如果你的喜怒哀乐表达失当，有时会招来无端之祸。人多少都有察言观色的本事，他们会根据你的喜怒哀乐来调整和你相处的方式，并进而顺着你的喜怒哀乐来为自己谋取利益。你也会在不知不觉中受到别人的掌控。因此，为了保护自己免受伤害，我们一定要学会控制自己的情绪，不要轻易地把自己的情绪表露出来，以免伤害自己和得罪别人。

清代重臣曾国藩深谙控制情绪之道，他不仅自己常常审视自己的言行是否表现欲太强，而且对其下属中有这一倾向的人也及时教诲。

曾国藩做两江总督时，下属李鸿裔来到他的幕府中。曾国藩特别喜欢他，对他像儿子一样看待。一天，李鸿裔翻看茶桌上的文本，看到一首诗，是某一位老儒所写的。这老儒，是当时十圣贤中的一个。诗文后边写有这样一段："使吾置于妙曼娥眉之侧，问吾动好色之心否乎？曰不动。又使吾置于红蓝大顶之旁，问吾动高爵厚禄之心否乎？曰不动。"李鸿裔看到这里，拿起笔在上面戏题道："妙曼娥眉侧，红蓝大顶旁，尔心都不动，只想见中堂。"写完，扔下笔就出去了。

曾国藩看到了所题的文字后，就费了很大的周折把李鸿裔找了回来，然后指着李鸿裔所写的对他说："这些人都是些欺世盗名之流，言行一定不能坦白如一，我也是知道的。然而他们所以能够获得丰厚的资本，正是靠的这个虚名。现在你一定要揭露它，使他失去了衣食的来源，那他对你的仇恨，岂是平常言语之间的仇怨可比的？杀身灭族的大祸，隐伏在这里边了。"李鸿裔很敬畏地接受了教诲，从此以后便懂得控制情绪，不敢再胡言乱语了。

要懂得控制情绪，别轻易表现喜怒哀乐。在复杂的社会环境中，为了避免不必要的灾祸，必须严守"深藏不露"的原则，也就是说，不乱发议论，不显露你的企图，不结党结派，不让别人窥出自己的底细和实力，这样对手就难以钻空子了。

收敛一下你率真的性格吧，这种单纯在你走向社会之后，就不要再显露出来。在人际交往中，要时刻保持警惕，做到喜怒不形于色，不让自己的哀乐成为别人利用的对象。如果你不想被别人控制，就得先控制自己的情绪，在必要时伪装自己，深藏不露。

竞争激烈的职场，先要懂得自我隐藏和保护

人生最大的悲哀，就是在严酷的现实面前，持有单纯的想法。在现实世界里，过度的单纯不是一种可爱，而是一种幼稚。做人单纯本身不是错，而关键是社会关系复杂，要想在社会上立足，就要懂得适时适度地伪装自己，以防被人欺诈被人骗。这是处世和生存的基本条件。

著名哲学家荀子在论人性时说：“人之性恶，其善者伪也。”这句话的意思是说，人如果看起来是善的，那是努力伪装后的结果，人性本来就是恶的。荀子是在告诉我们，做人必须适度地伪装自己，以防被恶人所害。说到伪装，我们可以从动物那里受些启发。

当遇到危险时，乌龟便会将头和爪子全部缩进壳内，这样装死足足几分钟后，等敌人走远了，它才会慢慢爬出来。兔子的防卫技巧更是高超，当被高空中的鹰发现时，兔子并不慌忙，它就顺势打个滚，装作死去，鹰一个俯冲下来，本想这下可抓住兔子了，可是当鹰到达地面刚伸开双爪时，兔子却一跃而起双爪猛抓鹰的胸肚部位，鹰悲鸣几声，仓皇逃离了地面。

以上是以欺诈对手而求生存的自然界实例。在人性的丛林中，人人都想战胜对手，当敌我力量悬殊较大或势均力敌时，用伪装的方式欺诈对方，会使你更容易达到自己的目标。可以说，伪装是一种计谋。

中国古代善于伪装自己的人有许多，司马懿是其中的一个。魏明帝曹叡在弥留之际，命司马懿和曹操族孙曹爽辅佐幼子曹芳。当时，曹芳刚刚8岁，大权自然落在曹爽和司马懿手中。

曹爽为防司马懿夺权，渐渐地培植自己的势力，夺了司马懿的兵权。司马懿见曹爽的势力控制了朝廷，于是就装病在家，不问朝政了。

一天，曹爽派下属李胜去司马懿家中探病。李胜来到司马懿养病的卧室，只见司马懿躺在病榻上，头发散乱，面容憔悴。一看李胜进屋，他忙挣扎着要坐起，一个侍女递给他外衣，司马懿十分用力地去接衣服，然而手一颤，衣服竟落在了地上。侍女忙弯腰帮他捡起，好容易才把衣服穿上。接着司马懿又以手指着嘴，侍女忙端来一碗稀粥，司马懿也不用手去端，伸长了脖子就喝，结果里一半外一半，胡子上都是稀粥和饭粒，前大襟上还洒了一大片。侍女忙拿手巾来揩。李胜见状，忙往前凑了凑说："只听人们说您中风病犯了，想不到竟病到这种程度。"司马懿上气不接下气地说："唉！年老病重，死期不远啦！"寒暄了几句后，李胜告辞。

司马懿用这种"装"的方法打发了曹爽一党后，见再也无人来问疾，便着手准备，加紧实施自己的计划。

公元249年，皇帝曹芳到洛阳去祭扫明帝的平陵，曹爽随皇帝出城。这一消息早有人报告给了司马懿，他一边派人再去观察，一边开始了紧张的部署。三个时辰过后，司马懿立刻让心腹分别夺取了城中禁军的兵权，占领了要害部门。一个时辰内，司马懿控制了京城和皇太后。一切就绪后，司马懿以皇太后的名义写信给曹爽，要求他保护皇帝回城，只要投降即可免杀。曹爽吓破了胆，不听手下人的劝告，竟然投降回城。不久，司马懿就以谋大逆的罪名把曹爽兄弟及亲信诛杀净尽。从此，司马氏独掌朝廷大权，为篡魏自立、建立西晋王朝奠定了基础。

在上则故事中，司马懿装作衰弱得不堪一击，使敌手受了麻痹，既保护了自己，又消灭了敌人，一举两得，不失为把握分寸的应变招法。强者装弱，由于在幕后的策划常常不为人所知，在前台的对手也就无法知道你的真实意图和具体打算。以暗处攻击明处的目标，可以说，几乎是百发百中，屡试不爽。

对于精明的做人高手而言，他们能以掩饰真相而达到自己的目的。怎样才能给别人制造一番假相呢？那就要看你对自己境况的估算，并采取什么样的方略了。

“装疯卖傻”是一种临危之时收敛锋芒、韬晦待机的应变战术。它既能有效地隐藏自己的真实意图，又能出人意料地获得成功。运用这种战术的分寸在于“装假”必须“成真”，必须做到天衣无缝，才能真正起到欺瞒对方，保护自己的作用。

在对方对信息颇为迷惑的时候，可以声东击西，制造假象，故意发布一些让对方上当的信息，发布信息要做到“假作真时真亦假”，这样假象也便被认为是真的了。

诈死和装败也是很好的战术。若诈得像，装得真，则可以干扰对方的认知，使其松弛警戒，并作出错误的判断而踏入陷阱。

做人不能太单纯，应该懂得伪装自己。不懂伪装的人只能是明里吃亏、暗里受气，末了一无所获。要想保护自己，发展自己，就要懂得适时适度地伪装。做人表面可以单纯，但内心一定要存有“心机”。

第2章　适度装点“强”，别让自己成为软柿子

人际交往中，最易被人欺的，都是有善良特质的老实人。此类人因为一切与人为善，不争不抢，不会拒绝，一味地听命于人，迁就他人，因此常被利用。单纯者要想在群体中确立起自己的地位，就必须转变自己的思维方式。在为人处事的时候，要表现出非凡的气度和力度，这样才能在激烈的社会竞争中立于不败之地。

人善被人欺，适度展现一些强者姿态

俗话说“人善被人欺，马善被人骑”，“马善”是说马温驯，而“人善”指的是人老实、善良、厚道、软弱及缺乏主见等。在人际交往中，最易被人欺的，都是有善良及温厚特质的单纯者，也就是老实人。老实人因为一切与人为善，不争不抢，不使手段，不会拒绝人家，因此常被利用。

在职场上，总有这样一些人，他们总是被人呼来唤去，有什么累活苦活或者吃力不讨好的事总是叫他们去做，如果事情做砸了，就要被迫承担全部责任。而这类人一般胆小怕事，从不敢随便得罪别人。即使别人得罪了自己，也不会记恨在心，更不会以牙还牙，即使自己吃了亏也不会反抗。这样一来，太

老实的人就常常被人欺负，甚至成为职场里的“冤大头”。

老范是某公司最底层的老员工，他一向为人老实，对他人的要求有求必应。

按规定，公司为员工提供中午的工作餐。员工在三楼工作，吃中午饭的时候都得下到一楼的厨房取饭。老范出于好心，总是在吃饭前十分钟把三楼所有员工的饭提上来。起初同事们都非常感激，后来次数多了，他们就习惯了，下意识里以为这是老范应该做的。于是不但不感谢，有时候还吆喝：“老范，该吃饭了。下去拿饭！”

同事们不仅如此，还得寸进尺，吃完饭后都把自己的碗放在老范的办公桌上，要老范带下去。一天，同事们吃完饭照旧习惯性地把碗交给老范。按照惯例，老范吃完饭喜欢打一下盹，然后再把碗送下去。可那天老范不小心睡过了头。恰恰这时，老总和客户来视察工作，看到老范桌子上堆满了碗筷，客户皱了皱眉头，心想，这个公司员工素质这么差，想必公司也好不到哪里去，于是委婉拒绝了和公司合作。公司老总就把气全撒在老范身上，老范有口难辩，最后，公司把老范辞了。

让老范感到寒心的是，此时竟然没有一个人替自己说好话。

这就是为人太善良的下场。老实人在群体中不受人重视，经常出力不讨好，也很难出人头地，这与其本身所具有的性格特性是分不开的。

与人相处，和睦友好是原则，但如果对方原本就狂暴、粗俗、欺软怕硬，你大可不必一味地退让，更不能对他低声下气，那样，只会令他得寸进尺，更加不把你放在眼里。所以，你必须让他觉得你善良但并不软弱可欺。

欺软怕硬是人们的一种常见心理。虽然我们一生所遇到的大部分人都是善良的，但世间除了善良的人以外还有很多“好战分子”。所以，你必须以坚定的姿态来捍卫自己的尊严。我们不要给那些挑衅者提供攻击的机会，要在善良的背面有坚定的心理支持。当自己的利益受到侵犯时，要毫不犹豫地站出来捍卫。

吴士宏无疑是一位极富传奇色彩和个性魅力的成功女士。进入IBM后，她兢兢业业地工作，可是她的一位女老板含蓄地说吴士宏偷喝了她的咖啡。这一下吴士宏被激怒了，气得浑身颤抖，将老板逼得贴在墙角，要她当众承认错误，并保证永不再犯，并且告诉女老板，如果再敢侮辱她，就采用暴力行动，并永远不给她干活了。吴士宏快人快语，掷地有声。她又花钱买了一大瓶雀巢速溶咖啡，专等女老板在的时候才喝。她说：“我可以付出辛苦，但人格是不可辱的。”

面对欺压凌辱，许多人之所以选择忍气吞声的生存方式，往往是由于他们患得患失，怕这怕那，自己在主观上先被吓倒了。而无数的事实证明，挺身而出，捍卫自己的正当权益其实是再自然不过的事了，跨过这道关卡，你会发现，一切没有什么好怕的。所以，我们要转变做人态度，不要过分老实软弱以至任人宰割。如果你是一个从不发火的人，请务必勇敢地进行一次真正的反抗，改变“受气包”的形象。

当你碰到吹毛求疵、强词夺理以及有其他类似行为的欺人者，你可以用这样的话如“你刚才妨碍了我”或者“你埋怨的事永远也变不了”，冷静地指明他们的行为。你表现得越平静，对那些试探你的人越是直言不讳，你处于软弱可欺的地位上的时间就越短。

即使是在可能会显得有些唐突的场所，你也应毫无拘束地对蛮横无理的人坚定地说话。你必须在一段时期内克服自己的胆怯和习惯心理。

总之，要不被人欺，就要武装自己；不必去攻击别人，但必须能保护自己。这是自卫之道，也是自强之道。

以强制恶，被无礼冒犯了别客气

在人际交往中，有些人总是时刻表现出一种傲气，他们自恃权力、地位、学识等方面的优势，对他人不屑一顾，有的甚至还恶意地侮辱、攻击他人。当这种人的行为给我们带来不愉快或者严重的伤害时，我们必须予以抑制而不让其恶性发展。

鲁迅先生讲过一个事例，颇有代表性：

你租借了别人的一间房屋，且是一间阴暗潮湿的老式房子。房东眼中只有钱，丝毫不为你的健康和舒适考虑。

你哀求房东：“开一扇窗户吧！”房东不肯。

你说：“工钱我来付。”房东还是不肯。

这时，你就应该提一把镢头，上到房顶，然后说：“我要在房顶上开一片天窗。”

这时，房东会怎样呢？房东会急忙喊道：“千万别掀房顶，咱们还是开一扇窗户吧。”

由此可见，出于处世的需要，即便本来并不恶的人也得故意装出恶人的形象来保护自己。如果一副懦弱相，看上去毫无保护自己的力量，恐怕就会惹人欺负；但是你一“恶”起来，效果也许就不一样了。你仅凭一副“恶”相就会使那些欲行不轨者退避三分了。

在正常情况下，一个人不宜惹是生非，应尽量保持平和。但有些时候、有些地方、有些人正是摸准了人们这一心理，才硬拿不是当理说，目的就是欺人。所以，面对对方的野蛮粗俗和无理的冲撞，必须以“恶”碰恶，据理力争，绝不能迁就软弱。你要是此时还一副老实相，那就会付出比一般人更大的代价。

在现实生活中，有些人自视高人一等，什么道德规范，甚至法律法规统统不放在眼里，张狂放肆、为所欲为。面对这种人的威胁，你千万不要被其嚣张气焰吓倒，只要你看准软肋、抓住要害，坚决反击，就可以把邪气压下去。

一天，一位盛气凌人的女人酒后驾车、逆向行驶，与一辆出租车相撞，肇事后企图逃逸，被交警截获。交警要求她做酒精测试，按酒后驾车肇事处罚。她坚持拒绝测试，不接受处罚，并用威胁的口吻吼叫："你们知道我是谁吗？我是县政法委书记的太太！你们敢乱来，小心砸了你们的饭碗！"

交警小许不动声色，客气地问："您丈夫是？"

"高岩书记"，女人傲气十足地说，"你们的顶头上司！"

"哦，原来是高副书记，老领导了。"小许从容不迫地反击，"高书记前天还到我们交警队检查工作，特别强调交警一定要秉公执法、铁面无私，在法律面前人人平等。我们坚决按高书记的指示办，请您支持我们的工作！"

"你们一点面子都不给吗？"女人的口气软了一点，但仍然不愿意接受处罚。

"高太太不支持我们的工作，我们只好打电话直接请示高书记了。"小许的语气客气而坚定，正要拨电话，那女人急忙按住电话机，说："我认罚还不行吗？倒霉！"

面对威胁恫吓，交警小许态度坚决、正气凛然；讲究策略、反击有方。他摸清对方确实是领导的亲属之后，以领导之"指示"还治其亲属之身，驳得对方哑口无言，低头认罚。小许的应对，可以说是得体、成功的。

做人要有棱有角，要敢怒敢言敢做自己想做的事。如果一味地听命于人，迁就他人，委屈自己，就会失去自我。这样的人虽然甘居人下，却也得不到别人的欢迎；有些人即使事业有成，也终会被小人暗算。文学大师李敖在《好人坏在哪里》一文中写道：“我们从小就被教育做好人，训练做好人，长大以后，有的自信是好人，有的自诩是好人，有的自命是好人，他们从小到老、从老到咽气，一直如此自信、自许或自命，从来不疑有他。但是，他们真是好人吗？深究起来，其实不见得。”李敖告诉我们，好人太单纯，他们只想独善其身，不敢也不愿与坏人较量，结果总是受坏人欺负。

在社会交往中，对恶意进犯的人，自不必拼个两败俱伤，打草惊蛇就可以自卫；对那些粗鲁冒犯你的人，有时只须敲山震虎即可。但当对方得寸进尺、步步紧逼时，你不妨拉出一副鱼死网破的架势，这样他就不得不考虑一下后果，收敛自己的行为。所以，在遇到恶人的时候，你不妨以“恶”碰恶，拉出“鱼死网破”的架势对付他。

必要时发点火，别当温顺的小绵羊

有句古话说：“气血之怒不可有，理义之怒不可无。”就是说，人不应当意气用事，随便发怒，但为大义真理而动的怒却是不可少的。理义之怒的积极作用，就在于它以愤怒、严厉的措辞，来表达自己鲜明的态度和公正的立场，它有很强的刺激性和震撼力，能给对方施加积极的心理影响，进而迫使对方改变行为模式。因此其特有的交际价值是不应否定和忽略的，如果运用得当，会收到特殊的交际效果。

人在职场，磕磕碰碰的事总是难免，处理不好就会进退两难。单纯者遇事往往保持沉默的态度，从不轻易地发脾气、动怒，所以在职场上经常吃亏，受刁难。在某企业做部门经理的小肖对此感受颇深。他当了部门经理之后，几次重要决策都被手下的人搅黄了，原因就是他的脾气太好，一向温和。这使下属行事无所顾忌，觉得反正不肖也不能把他们怎么样。几次之后。小肖感到非常憋气。痛定思痛，认识到自己的问题所在后，他有意改变自己的形象，说话粗声大气，甚至有时还当众发点火，措辞严厉。没想到从此反而有令必行，创造出了业绩。

沉默是金，不过总是沉默，不是天生哑巴，就是懦弱无能，必要时，发点儿火，还真能显示出强者的风范，须知人没有威严是不行的。有人说：“没有愤怒的人生是一种残缺。”当尊严被践踏、信仰被玷污时还不发怒，那还是人吗？面对向你挑战的人，先硬还是先软，则要因事、因时、因人而异。

1963年，曾宪梓在哥哥的多次催促下，动身来到了泰国，商谈怎样处理父亲的遗产。曾宪梓的叔父曾桃发听说了这件事，以为曾宪梓肯定是与其哥哥联手来对付他，于是便决心先下手为强。

一天早晨，曾桃发将曾宪梓邀请到了自己的公司里。待所有人就位以后，叔父们便一改初始亲切温和之相，纷纷对曾宪梓大加指责：“你看你，像什么话，一点道理也不懂。来了泰国这么久，也不来拜见叔父、叔母。你这算什么？真没规矩！”

其实，曾宪梓来泰国的当天便执晚辈之礼拜见了叔父叔母，因此，叔公们的劈面训斥令曾宪梓一头雾水。叔公们见曾宪梓无言以对，认为其有些理亏，就毫不留情地把曾宪梓骂了一通。这时，血气方刚的曾宪梓终于忍耐不住了，变作了黑脸的莽汉，大发雷霆：“你们简直是太不像话了！我本来是非常尊重你们这些叔父的，但是因为你们这番血口喷人的话，你们就再也不配得到我的尊重！”

曾宪梓一番理正辞严的言语，令原本气势汹汹的叔父们顿时没了气势。但，倘任其怒火信马由缰，刚言怒语如决堤洪水一泻不收，便有可能使原本已有的胜势转瞬即逝。于是，曾宪梓又不失时机地给叔父找台阶：“叔父凭着自己的劳动，凭着自己的智慧，才能建立像今天这样庞大的事业。对此，我从心里感到佩服。你们是我叔父，有什么话跟我说，喊一个小孩把我叫来就可以了。”

曾宪梓的这番话，既充分肯定了叔父的经商能力，又由衷地表明了自己对叔父的佩服之情。言不巧语不媚，从而拉近了两代人之间的心理距离。令叔父激动得喃喃而语："好侄子，好侄子！"原本剑拔弩张的气氛瞬间化为乌有。

适度适时发火是需要的，特别是涉及原则问题或在公开场合遭遇难堪时，必须以发火压住对方。对待有些人，如果一开始就服软，他必然认为你好欺负，而对你更加强硬；如果你硬到底，他下不来台，来个"死猪不怕热水烫"，你也没办法。真正聪明的人，应该红脸白脸都能唱，适时发怒也懂得及时善后。

义愤之言毕竟是情绪激动状态下的即兴之变，如果不善于控制，任其发泄，就会起反面作用。因此，具有积极作用的怒言，表现出极大的理智上的克制。这种克制体现在以下几方面。

1. 发怒的状态要适度

不可"怒发冲冠"，不能"怒不可遏"，而应"怒不失态"，恰到好处。

2. 怒言谈吐有分寸

盛怒之下，语调难免高昂，但不要挖苦揭短，侮辱人格。发火不宜把话说过头，不能把事做绝，而要注意留下感情补偿的余地。

3. 发火之后，及时善后

"怒"到一定程度，就要适时地消火降温，转换口气，缓和气氛，不能"得理不让人"，一怒到底。如果任由怒火放纵，一怒而不可收，即使你的动机再好，恐怕也难免把事情搞糟。

巧妙反驳，扭转局势

在生活和工作中，我们常常会遇到一些出言不逊的人。出言不逊的话语各异，但有一个共同点，就是感情冲动。我们切不可被对方几句粗言谬语激怒，失去理智。而要保持清醒的头脑，对不逊之言作出得体的应对，既维护自身的尊严，又使交际活动正常进行。

当你处在难题前或者窘迫中时，总的原则是明辨事理、言语得体。你若是怒气冲天，就会加剧矛盾，最后两败俱伤。你若是一味退缩，则会使对方觉得你软弱可欺，从而变本加厉地嘲弄你。这时你的办法就是运用语言的艺术去反驳他，使对方自陷难堪，哑口无言。

民国时期，有两个外国人私自到陕西的终南山打猎，打死了两头珍贵的野牛，时任督军的冯玉祥把他们召到西安，责问道：“你们到终南山行猎，领到许可证没有？”

他们回答说：“我们打的是无主野牛，用不着通报任何人。”冯玉祥听了，训斥他们说：“终南山是陕西的辖地，怎么会是无主呢？你们不经批准私自行猎，就是违法。”

两个外国人狡辩说："这次到陕西，在贵国发给的护照上，不是准许带枪吗？可见我们打猎已经获得贵国政府的许可，怎么是私自打猎呢？"

冯玉祥将军反驳说："准许你们携带猎枪，就是准许你们打猎吗？若准许你们携带手枪，难道就表示你们可以在中国境内随意杀人吗？"

其中一个外国人不服气，继续说："我在中国15年，所到的地方没有不准打猎的，再说，中国的法律也没有规定外国人不准在境内打猎。"

冯将军冷笑着说："的确是没有规定外国人不准打猎的条文。但是，难道就有准许外国人打猎的条文吗？你15年没遇到官府的禁止，那是他们昏庸。现在我身为陕西的地方官，负有保家卫国之责，就非禁止不可！"

听着冯玉祥将军理直气壮的话语，看着他正义凛然的面孔，两个外国人只好低头承认了错误。

对付蛮横无理的人，正气凛然、咄咄逼人的话语的确具有非凡的效果。在说服不讲理的人时，气势起着非常关键的作用。若你畏畏缩缩、矮人一截，不敢和人针锋相对，他就不会把你的意见当成一回事。反之，如果你理直气壮、临危不惧，在气势上压倒对方，对方自然就会接受你的意见。

在日常交往中，如果觉得对方所讲的话不对，应善于寻找反驳的最有利的突破口，这样就能一箭中的，轻易地驳倒对方。

1. 反唇相讥

通常用在对敌论辩中，或者外来的攻击忍无可忍之时，再不以牙还牙，以眼还眼，就会丧失人格了。这时的攻击锋芒不但不可钝化而且应该锐化。越是锐化，越是淋漓尽致，越有现场效果。而现场效果最强的方法则是反戈一击法。在反戈一击时，要善于抓住对方的一句话、一个比喻、一个结论，然后把它倒过来去针对对方，把他本不想说的荒谬的话、不愿接受的结论用演绎的逻辑硬塞给他，叫他推辞不得，叫苦不迭，无可奈何。

德国大诗人海涅是犹太人，常遭到无理攻击。一次晚会上，一个旅行家对他说：“我发现了一个小岛，岛上竟然没有犹太人和驴子！”海涅镇静地说：“看来，只有你和我一起去那个岛上，才能弥补这个缺陷！”

2. 以矛攻盾

即借用对方所说的话或者承认对方的话来反击对方，这样就可以起到以敌制敌的效果。借言反驳通常情况下有两种，一是可以借用对方原来所讲过的话来进行反驳；二是可以借用对方语言的句式，“将话答话”。

在一次国际会议期间，一位西方外交官挑衅地对我国外交代表说：“如果你们不向美国保证不用武力解决台湾问题，那么显然就是没有和平解决的诚意。”面对这种挑衅性的无稽之谈，我方代表回答道：“台湾问题是中国的内政，采取什么方式解决是中国人民自己的事，无须向他国作什么保证。”说到这儿他话锋一转，反问道：“请问，难道你们竞选总统也须向我们作什么保证吗？”这针锋相对的反诘，使对方无言以对。

这位西方外交官所提出的理由本来就是一条强加于中国人头上的不合理的、荒谬的理由。面对这种强权霸道的作风，中国外交代表反诘而问，使他们无言以对，搬起石头砸了自己的脚。

3. 假言归谬

也就是先假设对方观点是合理的，然后将对方看似合理的论点加以引申，再推出对方观点不合理的地方。

王蒙在纽约进行学术交流时，有人向他提问：“据说中国每公开出版一本新书，都要通过政府的审批，是真的吗？”王蒙回答：“就是政府想那样做，也是不可能的。全国每一个月要出版一千多部小说，每本书都要经过全部审批一遍的话，那么中国政府可以说就成了读者俱乐部了。”

巧妙说“不”，也能让对方认可

“不”这个字再好写不过，但放到人与人之间的交往中，却不容易说出口。很多单纯者或因为感情因素，或因为个性关系，或因为时势所迫，不敢也不愿把“不”字说出口，因而总让自己吃亏。

小陶是个公认的老实人，朋友向他借钱，他总是无法拒绝，怕说了“不”会伤害对方，更怕说了“不”，与对方日渐疏远。他的朋友们深知他的秉性，手头不便就向他开口，当然有借有还的占大部分，但有借无还的也有人在。小钱不还倒也无所谓，但有一天，有人向他借了一大笔钱，小陶没勇气说“不”，结果那人拿了钱，人就不见了。

总对他人的要求有求必应，没有勇气说“不”，往往就会促使对方得寸进尺，步步紧逼，使自己产生损失的可能性相当高；而最重要的是，无法说“不”，会越来越难以说出口，而一旦说出口，常常就造成很大的矛盾。

常德大学毕业后，顺利地找到了一份工作。为了尽快与同事搞好关系，他对同事们的要求几乎没有拒绝过，有时还主动为同事分担工作，结果他迅速变成了办公室里最忙碌的人。买早餐、办杂事、送快递等，各种琐碎工作让常德自动升级成高级打杂，完全没有时间做他的本职工作。

上周日，有位同事因为要去相亲，想让他代班，他家里不巧有事就拒绝了对方。之后，同事明显冷落了他，甚至背后议论他说：“领导的要求有求必应，同事的请求就摇头拒绝。”常德觉得委屈：“我帮他是人情，不帮他是道理！”他并知道，当习惯成自然的时候，再想说“不”就难了！

很多时候，我们因为害怕拒绝别人，就一直在伤害自己。

其实成功的人都是那些敢于说“不”的人。著名作家毕淑敏说过这样一句话：拒绝是一种权利，就像生存是一种权利。人们常常以为拒绝是一种迫不得已的防卫，殊不知它更是一种主动的选择。要做一个敢于说“不”的人，才能活得更轻松无碍。

其实，在自己确有难处，或者如果答应别人的要求会使自己的利益损失很大的情况下，我们就应该拒绝别人，坚定而巧妙地将“不”字说出口。

1. 时刻准备好说“不”

有人认为受人请托，倘若拒绝，面子上过不去，若不拒绝又实在无能为力。如此一来，只好勉强答应，结果发生后悔的情形就相当常见了。

事实上，顾于面子不敢说“不”其实是自己意志不坚。这些人通常认为断然拒绝对方的请求未免显得太过无情，而若是在答应后觉出力不从心时，再改变心意拒绝对方，显然已经太迟。因为，等无法做到允诺的事情时再提出拒绝，给人的印象更糟，甚至需要付出相当的代价去弥补。如果这件事只限于个人的烦恼，还称得上不幸中的幸运，若因此事而与对方产生不愉快，甚至产生怨恨、敌视，演变成双方人际关系上的对立与冲突，岂不更得不偿失？所以，时刻准备好说“不”是十分必要的。

2. 温和坚定地说“不”

所谓“坚定”，是指有力量，即你讲的话要明确地表达出来，让对方知道你内心不愉快的感受。学会说“不”的实质也就是学会自如地表达否定的、不愿意的感受，以坦率、诚实和恰当的方式表达你此刻的感觉。为此，第一步就要学会多用下列短语：“我喜欢你这样”“我不喜欢你这样做”；“我很高兴你这么说”“我不高兴你这么说”；“我要你做……”“我不要你……”。

3. 友好地说“不”

你想对别人的意见表示不同意时，要注意把对意见的态度和对人的态度区分开来，对意见要否定，对人则要热情友好。

拒绝他人能显示出你对他人也对自己的尊重，敢于说“不”，才能赢得真正的交流、理解。学会拒绝，你就掌握了生活的主动权，就会生活得更加轻松自如。

第3章　收敛锋芒，别成为他人排挤的对象

做人需要有锋芒，在适当的场合显露一下既有必要，也是应当。然而物极必反，过分张扬及表现，就会给自己增添重重阻力，甚至导致失败。不管我们处在什么位置，都要在人生舞台上唱低调，在生活中保持低姿态。这既能有效地保护自己，又能充分发挥自己的才华。凡事不要太张狂太外露，这不仅是有修养的表现，也是生存发展的策略。

低调做人，别自恃才高

在当今社会，张扬仿佛已经成为一种时尚，人们似乎做什么事情都希望引人注目、受人关注。初入社会者年轻气盛，接受新知识新观念快，富有开拓创新精神，这是一种难得的人才优势，但如果把这种优势误作为恃才傲物的资本，就很容易走入狂妄自大的误区。

做人需要有锐气，在适当的场合显露一下自己既有必要，也是应当。然而物极必反，过分外露自己的才华只会导致自己的失败。才华犹如一把双刃剑，可以刺伤别人，也会刺伤自己。很多时候，锋芒太露都会招致他人的嫉恨和陷害。

三国晚期诸葛亮的侄子诸葛恪，在很小的时候就展现出了

非凡才华，大家都认为他的才能超过了其父诸葛瑾。但是，诸葛瑾却并不为这一切感到高兴，反而觉得诸葛恪会给家族带来不幸。原因何在呢？诸葛瑾说："他太爱表现自己了，锋芒过于外露，终将引来祸端。"果不出父亲所料，诸葛恪长大掌权后，目中无人，独断专行，以才压人，最终引起众怒，被大臣们设计害死，牵连家族也遭到诛灭。

在这个世界上，才华出众却被排挤、打击的人随处可见。才华是一个人成功的基础，一个有才华的人能得到较多的表现机会。但一个有才华的人过于炫耀自我，压制了他人的表现空间，损害了他人的利益，就必然会招致众人的一致嫉恨。如果发展到这一步，前途和事业就非常危险。所以，我们没有必要行为张扬，锋芒太露，那样只会影响自己事业的发展，甚至会给自己带来不必要的伤害。

通过了层层关卡后，黄元应聘到某行政部门工作。他感觉非常好：自己学历高，沟通和工作能力都很强。

黄元每天工作起来风风火火，工作完成得也很出彩，有时对领导的决策也提出自己的看法，他还特别喜欢对外联络工作和企业大型文体活动的组织工作，与其他部门混得很熟，可以说是在方方面面都很抢眼。

一次，行政总监召集行政部门开会。会议过程中，当他问到企业年终大会活动的策划要点时，还没等主管发言，黄元就忍不住把自己的想法和盘托出，并说，这些想法已经和人事部门的负责人作了交流……

还有一次，黄元了解到某部门对行政管理条例发布后的反馈信息时，主管恰好不在，他就径直把意见告诉给了行政总监，然后由行政总监传达给主管。主管接到总监信息后很恼火，责怪自己的助理没有及时将信息传达给他，黄元坐在一边不敢说话。

几个月后，领导宣布了人事任命，黄元没被留下。黄元听了这个消息感到非常惊愕，他想不通：自己怎么会被炒了呢？

初入职场，在新人看来，努力把自己最优秀的一切都展现出来是理所应当的，殊不知，太过锋芒毕露反而会给人留下激进的印象。到了一个新工作环境后，许多人都急于显露自己的才能和实力，盼望尽快得到他人的认可，因而表现得急于求成。但是，过早地卷入竞争，也会形成某些潜在的被动和危险。在错综复杂的社会里，时机未成熟或环境不利于己时，刻意或者是无心地炫耀才能不仅会招致旁人的嫉恨，而且会被认为是轻浮。过早地暴露自己的实力，同时也会显示出自己的缺陷，以致在竞争中处于被动境地，被过早地淘汰出局。

如果说一个人总是喜欢显露自己的才干，表现自己的优秀，那么他必然会遭受很多的挫折，这是做人太单纯、不谙世事的表现。在现实生活中，做人应当适当隐藏自己的锋芒，以避开一些明枪暗箭。身处职场，即使你再有能力，你的同事都不会真心地夸赞你。之所以会这样，理由很简单，在学校，你的才华并没有干涉到别人的利益；而在同一单位，你有能力，你表现突出，你的同事就势必会显得没有能力，那么他的待遇等都会因为你的表现受到影响。锋芒太露的人必然会遭嫉妒。

作为一个人，尤其是一个有才华有前途的人，你要学会隐藏自己，所谓的“才华须隐”不仅是一种生存方式，也是一种竞争的方式。在名誉、利益面前，尽量不要表现得过于热衷，以避免成为众人嫉妒、排挤的对象。即使有所追求，也应该在表面上含而不露，应该通过为人与处世的技巧去赢得他人的认同。

顶天立地做人，也要学会偶尔低头

古人云：“海不辞水，故能成其大。”大海之所以能够容纳众多河流，是因为它总能放低自己的位置，所以变得博大而精深。纵观古今，那些有所作为者，他们所信奉坚持的往往是一种低调的处世原则。事实上，相对于高调的行事方式，低调处世更保险。

有人问古希腊大哲学家苏格拉底：“您是天下最有学问的人，那么你说天与地之间的高度是多少？”苏格拉底毫不犹豫地回答：“三尺！”那人不以为然：“我们每个人都五尺高，天与地之间只有三尺，那岂不是要顶破天了吗？”苏格拉底笑着说："所以，凡是高度超过三尺的人，要长立于天地之间，就要懂得低头。"

人生要经过无数门槛，洞开的大门并不完全适合我们的躯体。在厚重坚固的"门框"前面，如果趾高气扬，小觑或无视生活有意无意设置的低矮"门框"，末了只能被碰得头破血流，成为一个失败者。鉴于此，面对生活道路上横生的低矮门槛，我们要学会低头，甚至是伏地而行，这样就能顺利跨越，而免受无谓的伤害。

其实，暂时的低头并不意味着自降人格，更不表明放弃原则和失去自尊，而是一种艺术的处世方式，也是智慧的表现。一时的低头是为了长久地抬头，正如暂时的退让是为了更好地前进。

刘备一生中曾低过三次头，这"三次低头"为他日后的宏图大业奠定了基础。

一低是"结交异己"。与他在桃园结拜的人，一个是酒贩屠户张飞，另一个是正在被通缉而流窜江湖的关羽。而刘备曾被皇上认作皇叔，却肯与他们结为异姓兄弟，这样一来，刘备犹如得到了左膀右臂，极大地促进了自己的事业。

二低是"三顾茅庐"。刘备肯于降低身价，前后三次登门求见未出茅庐的诸葛亮。不说身份地位，只论年龄，刘备也称得上是长辈，他连吃了两次闭门羹，连关羽和张飞都在咬牙切齿，他却毫无怨言，甘心再低一次头。这次的低头，得到了一个千古名相。

三低是“礼遇张松”。张松本来是想卖主求荣，把西川献给曹操。但曹操自从打败了马超之后，志得意满，竟数日不见张松，一见面就要将他治罪，差点将其处死。而刘备派赵云、关云长迎候张松于境外，自己亲迎于境内，大摆宴席招待他，依依不舍送别他，甚至要为他牵马相送。张松深受感动，终于把原本打算送给曹操的西川地图献给了刘备。这第三低，不费吹灰之力便得到了西川。

刘备胸怀大志，却能平易近人礼贤下士，慢慢成就了自己的基业。为人处世上，刘备高人一筹，他没有所谓的官威、架子，懂得适时低头，也因此终生受益。

我们平凡人要做到能高能低，实属不易。如果能懂得偶尔低头，就很不错了。懂得适时地蹲下，就是一种再跃起的预备。学会低头，该低头时就低头，能巧妙地穿过人生荆棘。它既是获取成功的一种策略，也是立身处世不可缺少的修养。学会低头，就要不喧闹、不矫揉、不造作、不招人嫌、不招人嫉，即使你认为自己满腹才华，也要学会藏拙。当你的事业越大、地位越高时，就越要懂得“低头”的哲学。与他们相处时，一个人越懂得谦虚恭敬，就越能拉近彼此之间的距离，而且更易于彼此的沟通与交流，也更容易让对方从心理上接受你。

帕金斯30岁那年就任美国芝加哥大学校长，有人觉得他太年轻，怀疑他能否胜任大学校长的职位。他知道后，只说了一句话："一个30岁的人所知道的是那么少，需要依赖他人的地方是那么多。"就这短短一句话，使那些原来怀疑他的人一下子就放心了。人们遇到了这样的情况，往往喜欢尽量表现得自己比别人强，或者努力地证明自己是有特殊才干的人，然而智者是不会自吹自擂的，他们懂得"自谦则人必服，自夸则人必疑"这个道理。

我们应时刻学会低头，懂得低头，敢于低头。不管处在什么位置，都要明白，在广阔的社会舞台上，我们只是一个小角色，无论处境如何，都要在生活中保持低姿态，把自己看低些，把别人看重些。即使"会当凌绝顶"，也要记住低头。因为，在你所经历的漫长人生旅途中，总难免有碰头的时候。

弯下腰，才能看到别人的智慧

身处职场，我们需要成长，需要不断发挥自身的潜能，去实现自我价值，而他人的经验及智慧又是我们不断向前、尽快实现自我价值的捷径。因此，我们要虚心地向别人请教，以提高和完善自己。无论怎样，我们都要找到值得学习的对象，并以开放的心和受教的态度向这些人学习。

我们需要掌握的知识、技能是无限的，而一个人的聪明才智是非常有限的。所以，应该把自己的姿态放低些，多向别人学习。你可能才华横溢并且工作能力卓越，但如果只知道一味高调，可能就因为你的“出众表现”得罪同事和领导。因此，不管你能力如何，都应该时刻把自己的位置放在低处，这样才能博采众长，快速成长。

一天，青年宏志千里迢迢来到法门寺，向主持释圆诉苦说：“我一心一意想学绘画，但许多人都是徒有虚名啊，我至今没有找到一个能令自己满意的老师！”

释圆听了这番话，淡淡一笑说：“老僧不懂绘画，最大的嗜好就是爱品茗饮茶，尤其喜爱那些造型流畅的古朴茶具。既然施主的画技不比那些名家逊色，就烦请施主为老僧画一个茶杯和一个茶壶吧。”宏志一口答应下来。于是他调了一砚浓墨，铺开宣纸，寥寥数笔，就画出一个倾斜的水壶和一个造型典雅的茶杯。那水壶的壶嘴正徐徐吐出一脉茶水来，注入到了那茶杯中去。宏志问释圆：“这幅画您满意吗？”释圆微微一笑，摇了摇头。

释圆说：“你画得确实不错，只是把茶壶和茶杯放错位置了。应该是茶杯在上，茶壶在下呀。”宏志听了，笑着说：“大师为何如此糊涂，哪有茶壶往茶杯里注水，而茶杯在上茶壶在下的？”释圆听了，又微微一笑说：“原来你懂得这个道理啊！你渴望自己的杯子里能注入那些丹青高手的香茗，但你总把自己的杯子放得比那些茶壶还要高，香茗怎么能注入你的杯子里呢？只有把自己放低，才能吸纳别人的智慧和经验啊！”

人要想在学业上有所精进，不仅需要谦逊，还要有雅量，要放下架子，不耻相师。

常言说，留心处处皆学问。生活中，我们身边能力强的人很多，他们的言行举止都是我们所应注意观察和学习的。这就需要我们在为人处世时虚心向别人请教，以提高和完善自己。

结识他人最简单有效的方法，就是以低姿态向对方请教某事。即使是关于工作上的秘诀，但凡受人央求指导时，几乎没有人会拒绝。当你表现出大智若愚来，使对方陶醉在自我感觉良好的气氛时，你就已经成功了一半了。

美国第28任总统伍德罗·威尔逊，恃才傲物，对别人的意见根本瞧不起，要么不采纳，要么不理会。但他的顾问霍士的进言却屡屡被采纳。那么，霍士是怎样让自己的意见被威尔逊接受的呢？他常常走进总统办公室，以一种请教的口吻提出建议："总统先生，不知道这个想法是否……""您觉得这样做还有什么不妥吗……""我们是不是这样……"就这样，霍士把自己的思想不露痕迹地灌入威尔逊的大脑，使他加以完善并付诸实施。

学会在适当的时候，保持适当的低姿态，谦虚地向人学习及请教，是一种聪明的处世之道。人世繁杂，为了不结私怨不招灾祸，就要以低调的姿态入世，于人于己都要留条退路，随时向他人请教，这样才能赢得人心。在高度竞争的社会中，这似乎显得平庸委屈，实际上却是一种极佳的处世智慧。

不论人的资历、能力有多出众，在浩瀚的社会里，都是非常渺小的。自认怀才不遇的人，往往看不到别人的优秀；愤世嫉俗的人，往往看不到世界的美好；只有敢于低头并不断否定自己的人，才能够一直吸取经验教训，让自己不断地成长与进步。

巧妙示弱，消灭对方内心的妒火

职场中流行这样一句话："同事就是同时争抢一件东西的一群人。"从逻辑上来说，你的非常优秀就等于否定了他们的能力，他们自然会感到压力重重。有了这种认识，你就应该明白，你的出色表现可能随时会招来同事们的嫉妒，嫉妒你的职位、工作能力以及受领导的赏识程度等。

遭人嫉妒当然不太好，但你必须要面对这种局面，并且要想办法处理好。虽然你不一定能在短时间内消除他人心中的妒火，但是可以通过一些方法使它降低到某一均衡点，这样至少能保证你可以安心工作。其实，任何一种行为，都有一种心态在背后支撑。试想一下，一个人在生存竞争中处于劣势，他必定会对处于优势的人产生一种嫉妒心，甚至是报复心。但如果处于优势的你能够放低你的优势，淡化你的成就，是不是会令嫉妒你的人有所改变呢？偶尔适当示弱一下，这可能会令你收到好结果。

某管理学院的系领导魏彪就很懂得“示弱”之法。他初任系主任的时候，有一位很有能力的同事经常跟他过不去，但他没有针锋相对，而是采取了“示弱”的办法。他亲自登门找这位同事交谈，承认了自己的弱点和不足，最后说：“我本人不管是在教学上，还是管理上，都缺乏经验，主持系里的工作，是赶鸭子上架，还望你尽力帮助。”他抬高别人，贬低自己，故意示弱，收到了将炉火熄灭的效果，那位教授后来不仅不再为难他，反而成了他的左右手。对妒恨自己的人，不但不能以牙还牙，相反要以德报怨，这是化解嫉妒的一步妙棋。

示弱是强者在感情上体贴在某些方面暂时处于劣势的弱者的一种有效手段，它能使你身边的弱者有所慰藉，心理上得到平衡，减少或抵消你前进路上可能产生的消极因素。事业上的强者都懂得示弱。

一次，某公司的邓延因为成绩突出而获得优秀员工奖，在全公司的表彰大会上大出风头，引起众人的关注。原本每年这个奖总是郑阳的，可这回他却落了选，自然情绪有些不高。散会后，郑阳不无妒意地握着邓延的手笑着说：“祝贺你呀，感觉不错吧？”邓延很机敏地回答说：“我还是头一次见这么大的场面，面对那么多的领导，说实话，讲话的时候我还真有些紧张，生怕什么地方说错了。我要能像你那样就好了，每次在台上都那么镇定自若，你有什么秘诀呀？”郑阳听后不禁暗自发笑，真是没上过台面，上台讲几句话还这么紧张。这样一来，他心中的那种隐隐的嫉妒心，明显淡化了许多。

邓延的做法可谓聪明，他抓住了郑阳的心理，只几句话就迎合了他的优越感，化解了对方的嫉妒心理。

身在职场处于优位时，自然是可喜可贺的事。如果别人一奉承，你就马上张狂外露，这就会在无形中加强别人的嫉妒心理。所以，面对他人的赞许恭贺，应谦和有礼，这样不仅能淡化他人对你的嫉妒心理，还能赢得众人的好感。例如，你是单位里新来的员工，学历很高，工作能力也很强，以致引起一些工作多年却没有进展的老员工的强烈嫉妒。这时，你若坦诚地公开、突出自己的劣势：人际经验一点都没有、对单位的情况很不熟悉等，再辅以“希望您多多指教”的谦虚话，无疑能有效淡化自己的优势，衬出对方的优势，减轻弱化其对你的嫉妒。

在事业和竞争中为了取胜，当然不可以弱示人。但在特定情况下故意示弱，却是会做人者必须修习的功夫。当你处于优势时，注意突出自己的劣势，就会减轻嫉妒者的心理压力，令其产生一种“哦，他也和我一样”的心理平衡感，从而淡化乃至免却别人对你的嫉妒。

要使示弱产生积极效果，必须善于选择示弱的内容。在学历不高的人面前，不妨展示经验有限，有过种种曲折难堪的经历等，表明自己实在是个平凡的人；对眼下经济状况不好的人，可以适当诉诉自己的苦衷，诸如健康欠佳，子女学业不好以及工作中诸多的困难，让对方感到“他也有一本难念的经”；如果自己在专业上过硬，最好宣布对其他领域一窍不通，袒露自己在日常生活中如何闹过笑话、受过窘等。

其实在生活中，每个人都有优于别人的地方，也有不如别人的地方。显示自己不如别人的弱点，并虚心向别人学习，也正是为了巩固自己的优势，一种在不被他人嫉妒的情况下的巩固。

隐藏自身实力，别四处树敌

老子曾说过这么一句话：“鱼不可脱于渊，国之利器不可以示人。”意思是，鱼不可脱离深水潭，国家的重大决策等不可以轻易拿出来夸示于人，否则很容易招致各种祸端。刚走进社会的人，几乎都比较单纯，受到一点小小的刺激或者听到什么称赞之语，便把自己毫无保留地展现给别人，轻易就让别人看清楚自己的底牌，因而常常让自己暴露了弱点，让别人掌握了自己的把柄。

羽清刚进公司的时候，就向大家宣布了自己与经理的亲戚关系。同事们开始对他特别对待，每次出去吃饭，都争前恐后地替他付钱。为此，他总是洋洋得意。

可是没多久，经理就调走了。这时羽清明显地受到了冷落，大家再也不像以前那样热情了，平常对他也是爱理不理的，而且就算他放下架子与人说话，同事也都一种不耐烦的样子。后来他想，如果原先不暴露自己，也许就能博得大家真心的喜爱，可以和大家一起和平相处了。

轻易在别人面前亮出底牌的人，是愚蠢的。因为这样不但达不到目的，而且容易使自己非常被动。因此，不论做什么事情，我们都要讲究策略，要有所保留，让别人觉得自己有点神秘。如果我们仔细观察就会发现，许多成功人士都善于制造神秘感，讳莫如深地给自己笼罩上一层光环，总是给人一种“雾里看花”的朦胧感，不会轻易让人看透，总是让人充满期待。

谭芸大学毕业后被一家公司聘用，她来公司报到的第一天，就让所有的人眼前一亮。她身上是一套简洁而高雅的西装，雪白立领衫搭配黑色过膝长裙，颈项间戴着一条银亮的白金项链，显得十分协调优雅。

同事们悄悄地议论着：“看她这身行头，一定大有背景。”他们都纷纷猜测，但谭芸什么也不说。每次她给家里打电话时，同事们总会看到她恭敬谨慎的神情，让人感到她的家世非同一般。不久，又有人说她是从省城来的高干子弟。

谭芸确实非同凡响。她的业绩好得让人嫉妒，她往往轻而易举就能拉来许多客户。有些大客户还会专程来请她品茶聊天，但她却很少答应。大部分时间，她都喜欢独自赏画、听古典音乐或阅读世界名著，气定神闲的模样看上去是那么与众不同。

实际上，谭芸的父母都是普通老百姓，由于前几年单位效益不好已早早退休。但她的神情总是显得从容闲适，言谈举止温文有礼。虽然当初她只是借表姐的白金项链用了一段时间，但她却引起了每个人的好奇心：“她真的好神秘！”

尽管谭芸从未编造过关于自己身世背景的谎言，对于同事的猜测和议论更是听之任之，不置可否，但她却成功地塑造了独特的“神秘感”，无时无刻不吸引着别人的注意力，让他们对自己抱有极大的兴趣，想要挖掘出她讳莫如深的秘密。

做到“保持神秘”其实是一个人阅历和性格的体现，这是一种做人的境界。城府深的人不会一开始就展示自己的全部所有。自古以来，凡是成功者都很少谈论自己或他人，更不会轻易就泄露自己的情况。别人越是不了解你有多少本事，就越想了解你的实力。培养足够的实力却不做非必要的表现，这就是做人的技巧。

保持一点神秘感就是保持魅力。经常保持神秘感的人，能够吸引大家的兴趣。比如，如果你是一位厨师，可以巧妙地把话题引到烹调方面，但千万不要宣称你就是厨师。不立即吐露一切的做法，能让别人产生追根问底的欲念，增强你的神秘感。只有保持一种神秘感，才能维持和展现出自身的魅力。具有神秘莫测魅力的人，你越和他交往越觉得他高深莫测。这样的人，一定具有广博的知识与敏捷的反应，能够随时应付各种状况，绝不会出现江郎才尽的窘态，永远有出人意料的惊之举。

聪明人如果想得到别人的尊敬，就不应该让别人看出自己有多大的实力。让别人知道你，但不要让他们了解你；没有人看得出你才能的极限，也就没有人感到失望。让别人猜测你甚至怀疑你的才能，要比显示自己的才能更能获得他人认同。

第4章　三四而言，说话要看清场合形势

要想找到成事突破口，就需要从说话的灵活性上下工夫。在社会交往中，聪明人说话会拐弯儿，懂得委婉地表达自己的意图；在关键时刻会随机应变，耍“语言花招”。有时候恰到好处的一句话，不仅能化解尴尬、掌握主动，还能让人际关系在磨合的过程中更加亲密、融洽。灵活的口才有利于打造一流的人际关系，为自己创造一个和谐的生存氛围。

不便直言，何不绕个弯

在社会交往中，单纯的人有个致命的弱点：直言直语。他们之所以喜欢直言直语，是因为只看到了现象或表面，也只考虑到自己的“不吐不快”，而没有考虑旁人的立场、观点、性格和感受。但是，直言直语会让人难以接受，于是人际关系就出现了阻碍，周围的人都离你远远的，生怕一不小心被你的直言直语灼伤。

难怪很多刚刚走出校门的毕业生会苦不堪言，因为那些从课本里学来的心直口快、仗义执言，在社会中都显得那么轻率突兀，透着幼稚与不成熟。在各种社交谈话中，直话直说是致命伤，有些老实话是万万不能轻易出口的。

慧是一个比较爽快的人，说话总是很直接。上大学的时候有人问她："我这件衣服怎么样？"她觉得好就说："挺好的！"如果觉得颜色不好，她就会说颜色不好看，要是什么什么颜色就好了。渐渐地，她和同学们的关系变得疏远了。

工作以后，有几次同宿舍的人听到她这样说话就提醒她："你说话太直接了，人家听着多不舒服！"并告诉她应该这样说："这件衣服你穿挺好的，不过要是颜色再深点就会更好！"后来她仔细想想也确实是这个理，别人的衣服肯定是自己满意了才买的，她却给人泼冷水，要是换了自己也会觉得不舒服。

在人际交往的过程中，不分场合地点，不分谈话对象，心里想什么就说什么，这是万万不可的。由于多方面原因所限，你不能保证你想的都对、说的都对，而且听话人的接受能力也不同。不分青红皂白、不讲究方式方法的直言快语，往往会带来不良后果。轻则使人下不来台，重则造成隔阂，遭人怨恨。

在与人交往时，有时为了避免伤害他人，或是为了得到别人的帮助等，都必须将要表达之意寓于其他话语中，如此才能收到好的效果。聪明的人总是会看准对象，直话不直说，说话会拐弯儿，委婉地表达自己的意图。在公共场合，和关系一般的人交谈时，特别是在晚辈对长辈、下级对上级、接待宾客时，说话尤其要特别讲究方式和分寸。此时为了不失礼仪，可以采用外围战术，有意绕开中心话题和基本意图，从相关的事物、道理谈起，也即人们常说的"弯弯绕"，令听者感到你是为他着想，或者感到合情合理，这就容易达到自己需要的效果。

北宋知益州的张咏与寇准是相交很深的朋友，他一直想找个机会劝劝寇准多读些书，因为身为宰相，要日理万机，理应学问更多些。张咏就对其部下说："寇准奇才，惜学术不足尔。"这句对寇准的评价是非常正确的,因为寇准虽然有治国之才能，但不太愿意读书。

恰巧时隔不久，寇准因事来到陕西，刚刚卸任的张咏也从成都来到这里。老友相会，格外高兴。临分手时，寇准问张咏："请问您有什么可以指教的吗？"张咏想趁机劝寇准多读些书，可是又一想，寇准已是堂堂的宰相，自己怎么能直截了当地说他没学问呢？张咏略微沉吟了一下，慢条斯理地说了一句："《霍光传》不可不读。"

当时，寇准不明白张咏的这句话是什么意思，可是他不愿再多说，转身就走了。

回到相府，寇准赶紧找出《汉书·霍光传》，他从头仔细阅读，当他读到"光不学亡术，暗于大理"时，恍然大悟，自言自语地说："这可能就是张咏要对我说的话啊！"

原来，当年霍光任大司马、大将军要职，地位相当于宋朝的宰相，他辅佐汉朝立有大功，但是居功自傲，不好学习，不明事理。

寇准是当世"奇才"，然而不大注重学习，知识面不宽，因此，张咏劝寇准多读书加深学问，既客观又中肯。然而，说得太直，寇准的面子上会不好看，而且传出去还影响其形象。张咏以一句“《霍光传》不可不读”的委婉话语，使寇准愉快地接受了建议。

由此可以看出，采取绕圈子的说话方式会起到意想不到的效果。无论是在生活还是工作中，对于某些有时不能直说而又必须得去说的事情，不妨采取绕圈子的方法，这样既不得罪人，又达到了自己的目的，也是智慧做人的表现。

任何一种意思都可以含蓄隐晦地表达，与人说话时，言语不可太直，否则会招惹对方不快。所以，在与人交往的过程中，我们要学会说话“绕弯儿”，这样才不至于冲撞别人，才能赢得别人的好感。

适时说一些“软话”，让他人开心

俗话说得好，一句话能把人说笑，也能把人说跳。能把人说“笑”的语言，通常是温和甜美的“软话”。其温和表现为：说话语气亲切、语调柔和，语言含蓄，措辞委婉，说理自然。这种说法，易于使对方感到亲切、愉悦。

温和可以体现人的性格美，尤其是在抒发情感时，温和地说话具有一种迷人的魅力。这种声和气宛如柔和的月光和涓涓的细流，由人的心底流出，轻松自然，和蔼亲切，不紧不慢，能给听者以舒适、亲密、友好、温馨的感觉。温和地说话的人，为人必定宽容、温柔、善良、善解人意。

贝尔电话公司是美国最大的电话公司，他们的接线生都态度和蔼,吐字清楚,语气亲切,个个都彬彬有礼。该公司提出了“带着微笑的声音去接电话”的要求，深受广大电话用户的欢迎。古往今来，“和气待人”“和颜悦色”被视为一种美德。在日常生活中，最受欢迎的是和蔼亲切的说话态度。“带着微笑的声音”谁都爱听,这是一种在交际场合最容易获得成功的语调。在人际交往中，很多时候，“软”话不软，“软”话有效。

一家电器店的营业员小江面对一位十分挑剔的顾客，给他拿了好几套电器，挑了半个钟头还没选中。因顾客太多，他先招呼别的顾客去了，这位顾客以为冷落了他，便把脸一沉，大声指责说：“喂，你这是什么态度，你没有看见我先来吗？为什么扔下我不管？”这话真够刺耳难听的，然而，小江安排好其他顾客后，和颜悦色地对此人说：“请您原谅，我们店生意忙，对您服务不周到，让您久等了，我服务态度不好，欢迎您多提宝贵意见。”小江这几句真诚而谦逊的话一出口，那位顾客的脸一下子红了，转而难为情地说：“我说得不好听，也请你原谅。”

小江以“和气”对“火气”，表面上“似水柔情”，实际上“力胜千钧”，产生了积极的效果。“有理不在声高”，说话，并非说得有棱有角、咄咄逼人才有分量。像这种温和式说法，由于充满了对消费者的尊重、宽容和理解，这本身就产生了一种感化力，从而引起对方心理的变化。“火气”遇上“和气”，就失掉了发泄的对象，自然降温熄火。

说话是人们交流信息、传情达意的一个重要手段。恰到好处地使用和气不仅能充分地表达说话的意图，而且能缩短人与人之间的感情距离，密切双方之间的关系。

为了避免与人说话过于僵硬，应注意以下几点。

1. 注意措辞

作为一个成熟、得体的职业人，你必须时刻注意你的措辞。工作场合不能用不文明词语、粗俗词语；表达意思的时候，尽量多用中性词或褒义词；说不同的意见或批评时要委婉表达，切忌直接否定或嘲讽。注意语言的细节，比如“请你……”就比“你给我……”好得多。

2. 语速适中

过快的语速容易让人产生压迫感、强制感，或是让人不知所云；过慢的语速要么使人着急，要么让人昏昏欲睡。语速必须适中，这不但有助于意思的表达和对方的理解，还可以使信息的接受者产生舒适感、愉悦感，从而有助于拉近你与谈话者之间的心理距离。

3. 语气平和

单位里的职位分三六九等，但人与人之间的地位是平等的，没必要低三下四，也不要盛气凌人。别人对你的认同或是尊重，靠的是你人格的魅力，而不是强硬的语气。无论什么时候，都要保持心平气和。否则，说话的语气稍稍偏离平和，各种是非就会出来。

4. 语调明快

很多人不注意说话时的语调，不是音调平平，就是任情绪波动，随心所欲。其实，语调对语言的效果影响非常大，明快和有气无力，哪个更让人容易接受，是显而易见的。并且，语调反映了一个人的性格特点，语调高昂的人一定是个自信、开朗的人。

巧妙避开对方设下的语言陷阱

在现实生活中，面对形形色色的人，要根据不同的对象说不同的话，因而不可能会有事先被固定好的格式。当不小心陷入语言陷阱后，很多人无力自拔，要么撒泼，要么沉默，要么失去理智以拳相向，这些都不是解决问题的好办法。

人如果在关键时刻没有要点“语言小花招”的本事，是不能真正地把事处理好的。所谓的“小花招”，是指因人而异、随机应变的技巧。运用技巧应变术，可以使你从窘态中得到解脱，即使遇到一些难题让你无法作答，你也可以巧换话题，分散和瓦解对方的注意力和攻击力。

为了避免可能的语言陷阱在我们的身上重复发生，最好自己要常备一些有针对性的小花招，这样你掉入陷阱的可能性就会大大地减少。

1. 巧转话锋

口才再好的人，也不可能每回都成为赢家。语失、口误，这是在职场中常常会碰到的事，碰到这类情况，最好的办法是以调侃方式巧转话锋，就是对一些看似简单却不易回答的问题以“动脑筋，急转弯”手法进行似是而非的迂回性的语言应对。

一次，乾隆皇帝与爱臣刘墉在避暑山庄看到了一尊弥勒佛像。忽然，乾隆指着佛像问道：“它为什么对朕笑？”刘墉笑着回答：“皇帝是文殊菩萨转世，是当今活佛，佛见佛故笑。”实际上弥勒佛笑口常开，对谁都笑。乾隆这么问，实在难为刘墉了。刘墉机智地回答了乾隆的难题。不料乾隆突然又问：“为什么对你笑？”刘墉答道：“佛笑臣成不了佛。”

刘墉刚说过，佛见佛故笑，如果还这么回答，自己也成了佛，与皇上平起平坐，就要犯大逆不道的罪，刘墉这回把弥勒佛对他的笑说成嘲笑，既巧妙地回答了皇上提出的问题，又没有冒犯对方。

2. 左顾言他

在职场经常会碰到难以解答的事，甚至有时候还会让你猝不及防。而这时候，你明知问题本身就是陷阱，该作什么选择呢？要要小花招吧——顾左右而言他。

某公司市场助理吴小姐遇到老板这样的问话：“你觉得薪

水够用吗？”她不知老板的用意何在，于是张嘴就是一句心里话：“我不敢说不够用……”

有些老板喜欢听手下说薪水不够，因为他以为抓住了你的“软肋”，对你施以小恩小惠你就会甘心为他服务。但有的老板则会由此想开去：“不对嘛，一个小姑娘，开销这么大？花自己的钱都这样，花公司的钱不就更……”吴小姐事后颇有感触地说：“遇到此类事，最好是顾左右而言他。”

3. 以短托长

在论辩进行当中，论辩的一方虽然处于劣势，但如果能充分地发挥自己的长处，攻击对方的短处，就能化劣势为优势，变被动为主动，从而取得以弱取胜的论辩效果。

1984 年，73 岁的里根参加了美国总统竞选，有一个人问里根：“年龄是否会成为竞选中的一个问题呢？”其实他的意思就是说，里根的年龄已经大了。年龄大的确是事实，也是无法回避的，而里根则用幽默的话语来回答：“不！我不打算因为政治目的，而利用我的对手年轻和没有经验这一点。”

里根的这一回答，委婉而又含蓄地把年龄大与经验多联系在了一起，暗示了年龄大有利于从政，消除了年龄大的问题给他带来的不利局面。

4. 以谬制谬

当对方无理挑事时，恰当地抓住对方语言中的破绽，以其人之道反治其人之身，这种即时的以谬制谬术只要用得贴切合理，就会让人哑口无言。

下级拒绝上级所提出的要求时，可以巧妙地借助一些智言睿语分辨事理，以达目的。

齐宣王召见颜触，露出倨傲之态呼唤道："触，走过来！"

颜触见其态度傲慢不可一世，决定拒绝接受齐宣王的要求，于是颜触也表现出高贵的样子，对齐宣王呼道："王，走过来！"

齐宣王听后，正要发怒，左右侍臣赶快对颜触说："王是君，你是臣，你也敢叫王走来吗？"

颜触辩解道："说起道理来应该这样，因为我果真走去，那是仰慕王的势力；而我叫王走过来，是让王表示他趋奉贤士。与其叫我做仰慕势力的事，还不如让王做趋奉贤人的君主好啊！"齐宣王听后觉得有道理，于是不再叫颜触走过去了。

语言漏洞，如何巧妙补救

日常生活中的谈话通常不必拘小节，即使略带调侃，彼此也会不介意，但如果在一些庄重的场合语言失误，一定要设法纠正。我们在人际交往方面，一定要懂得言辞分寸，尽可能避免说出令人厌恶的不当言辞，一旦出现，应随机应变，做一个机敏的谈话者。

"人有失足，马有失蹄。"在交际过程中，无论凡人名人，都免不了发生言语失误。虽然其中原因有别，但它造成的后果却是相似的，或贻笑大方，或纠纷四起，有时甚至不堪收场。人失言了可以用妙语去弥补，只要你有技巧，就可以弥补得天衣无缝。

老林正陪老板闲聊，对方总是面带笑容地聆听老林的话。一时之间，老林也没有什么话题，所以就东聊西扯地谈到个人家乡的事。原来对方是台中人。

“中部真是一个好地方，有许多风景名胜，交通也很方便，人情风俗也很淳朴，不像北部，虽然很繁荣，可是纸醉金迷，声色气息太重。像北部的女性，虽然出了不少杰出的人才，可是大部分人都很虚荣，崇拜金钱……”

突然，对方的表情开始转为不悦，并且冷冷地说：“内人就是北部人呀！”

老林见对方面有不悦之色，赶紧接着说：“夫人是北部人吗？真巧，我也是在北部出生的呀！”

之后，老林找了个借口表明自己对北部的人情世故是很了解的，最后再追加地说几句北部人的优点：“北部人外表如此，可是在生活上，却是很可靠的伴侣。”

在生活中，我们总有说话不当的时候，发生这些事时，最重要的就是镇定自若，处变不惊，积极地寻找适当的补救方法，尽可能地弥补你的口误。

在交际中，失言是难免的语言现象。谁都不想说错话，但若错话的确从自己口中迸发出来了，又该怎么办呢？答案是随机应变，将“歪”拉“正”。说错了话，要学会巧妙地转移话题，把别人的注意力吸引到其他方面，比如用幽默或玩笑的方式转移目标，把关于人事的纠纷转到某种事物上，把个人紧张的话题变成轻松的玩笑等。

当行为冒犯了别人，引起对方的不快和反感时，要采取巧妙的方式进行处理。同样，口出错语时，应想尽办法及时补救，这样才能打消他人的不快，赢得融洽的人际交往氛围。

一次，美国总统里根访问巴西，由于旅途疲乏年岁又大，在欢迎宴会上，他脱口说道：

“女士们，先生们！今天，我为能访问玻利维亚而感到非常高兴。”

有人低声提醒他说溜了嘴，里根忙改口道：“很抱歉，我们不久前访问过玻利维亚。”

尽管他并未去过玻利维亚。当那些不明就里的人还来不及反应时，他的口误已经淹没在后来滔滔的大论之中了。这种将说错的地点时间加以掩饰的方法，在一定程度上避免了当面丢丑的局面，不失为补救的有效手段。

谁都免不了发生言语失误，那么，能不能采取一定的补救措施或者矫正之术，去避免言语失误带来的难堪局面呢？回答是肯定的。在实践中，遇到失言这种情况，有以下三个补救办法可供参考。

1. 移植法

把错话移植到他人头上。比如说："这是某些人的观点，我认为客观来讲应该是……"就可将自己已出口的某句错误纠正过来了。对方可能会有某种感觉，但是无法确认是你说错了。

2. 改义法

巧改错话的含义。当我们意识到自己讲了错话时，干脆重复肯定，巧妙地改变错话的含义，并将下面的话引出来，用得恰到好处，能充分地显示你自己的聪明机智。

3. 引申法

迅速地将错误言词引开，避免在错误中纠缠。接着那句话之后说："我刚才那句话还应作如下补充……"或者说"然而正确的说法应是……"如此就可将错话抹掉，把他人的注意力吸引到我们下面要讲的话上来。

为人耿直，但也要适时说些"善意的谎言"

有这样一句话：善意的谎言是美丽的。当我们为了他人的幸福和希望适度地撒一些小谎的时候，谎言即变为理解、尊重和宽容，具有神奇的力量。父母的一句谎言，让涉世不深的孩子笑逐颜开，健康向上；老师的一句谎言，让彷徨的学子不再困惑，更好地成长；医生的一句谎言，让恐惧的病人由毁灭走向新生。只要你掌握一定的原则，你所制造的谎言会比真诚更能赢得人心。

赵炎是学心理学专业的，他的漫画画得很好，可教研没有过关。为此，他的情绪很低落，对心理学也产生了反感情绪。

一天朋友跟他聊天儿，“哥们儿，我有一本书稿想配漫画，你能帮我画一下吗？”

“什么内容的书稿？”他问。

“哦，是心理学方面的，我那两下子可不行，这个画非你画不可，帮帮忙吧？”

“我行吗？”他开始松动了，“多少幅？”

……

一个月后，他完工了，朋友交到出版社，三个月后出版了，封面上印着他的姓名。从此，他又对心理学重新提起了兴趣，而且经常拿着那本书给别人看。可他不知道，朋友之所以要请他帮忙，只是为了帮助他从阴影中走出来，而且在操作时，也没让他知道这是个“善意的谎言”。

生活中许多时候都需要这样一些“善意的谎言”。这并不是因为我们邪恶，而是源于我们的善良和友好。在某些特殊的情况下，善意的“谎言”也同样美丽。善意的谎言，在人际交往中几乎不可缺少。当我们得知亲戚病重，当我们获悉朋友遭难，我们时常会说一些与实际情况完全不符的谎言。从这个意义上来说，世界上没有不说谎的人。许多谎言在形式上与人际间的真诚不一致，但在本质上却吻合人的心理特征。为了使人们许多合理的心愿暂时不被毁灭，善意的谎言就开始发挥作用。

善意的谎言不是以利己为目的，这种在适当的时候说出的谎言，饱含着真诚，散发出温暖的光辉。只要你掌握一定的原则，你所制造的谎言会比你的真诚更能赢得别人的心。

小华在一家商贸公司上班，一天下班后，他和同事小伟走在一起。小伟这些天心里很烦，和老板的关系十分紧张。二人边走边聊，小伟控制不住自己的情绪，指出老板对待他的种种不公平，还把老板的无知、浅薄及一些丑事统统说了出来，最后，怒气犹未尽，忍不住又大骂了一通。

过了些日子，老板在小华面前也谈起了小伟，言语之间非常不客气，怒斥小伟不顾大局、不思进取等诸多缺点，最后，老板问小华：“小伟在你面前说过我的坏话吗？”

小华是个诚实的人，此时，他该怎么回答呢？无疑，小华对老板说实话会火上加油，只能促使老板与小伟的关系崩溃。怎么办才好呢？

思忖片刻，小华撒了一点小谎。他这样对老板说：“小伟这人挺好的，他从没有在我面前说过您什么闲话！相反，他倒是挺佩服老板的魄力的，至于最近有点不开心，他说可能是在某些事情上闹了点小误会，他说您会很好地处理的。”

这样一来，老板的怒气马上消了。他也许会立刻反躬自省，认真地考虑自己对待下属的态度问题。一场本来可能导致两人大动肝火的争端就此平息了。而且，即使有一天老板发现小华讲的不是实话，他也肯定不会怪罪小华的，他会认为小华为人厚道、心地善良，会处理事情，根本不会认为他欺骗了自己。

上面的这件事，善意的谎言使两方面都得到了好处；而若讲实话，却会让每个人都受到损害。可见谎言在人际关系中也有其特殊的作用。

我们生活中有一句俗话，叫作“会说的媳妇两头瞒，不会说的媳妇两头传”，说的也是同一道理。居家过日子，有些鸡毛蒜皮的小事，就是不能以较真的态度去对待，说一些假话，应付应付，反而更好。在日常工作与生活中，善意的谎言值得提倡，每个人都应该学会说善意的谎言，并在与人交往中灵活运用，这会使你成就许多事情。

在各种各样的交际场合，为了避免让人难为情，为了让人鼓起生活的勇气，有时候我们的确需要一些善意的谎言，它是人际交往的润滑剂，更是一种做人的智慧。

第5章　话不说满，留有余地也是为自己留退路

单纯与否，很多时候体现在语言上。有些人见什么人都把心事往外掏，最后受制于人。有的人话说得绝对，结果能做到的很少，自己累得半死，还遭人嫌弃，真是得力不讨好。所以，无论何时何地，一定要把好口风，什么话能说、什么话不能说，都要在脑子里多考虑一下，这样才能够与人和谐相处，避免犯下不可挽回的错误。

逢人只说三分话，未可全抛一片心

俗语说："逢人只说三句话，千万莫把心底掏。"意思是说，对还不了解的人，无论说话或办事，都要有所保留，不可一股脑地掏空自己。

把心掏出来，这代表你的真诚和热情，但是这样容易被别有居心的人利用。另外，你把心掏出来，还容易被人看轻。还有一种状况，你一下子就把心掏出来，如果对方是个谨慎的人，那么反而会吓着他，因为他会怀疑你这么坦诚是另有目的，这样就会弄巧成拙，破坏了有可能发展的情谊。你把心掏给人家，结果没有得到相等的对待，那种被"鄙视""背叛"的感觉是很不好受的。因此，与其把心一下子掏出来，不如慢

慢观察对方，有所了解后再“交心”。

与人初次见面，或才见过几次面，就算你觉得这个人不错，也不该把心一下子就掏出来。我们身边总有这样一些单纯者，他们特别爱聊天，性子又特别直，喜欢向别人掏心窝子。虽然这样的交谈能够很快拉近人与人之间的距离，使你们之间很快变得友善、亲切起来，但事实上只有很少的人能够严守秘密。所以，与自己并不完全了解的人说话时，要有所保留，能说三分的话，千万不要说到四分。切忌心血来潮时把秘密告诉不合适的人，因为真正的秘密只能有一个人知道，不然，你就可能受到伤害。

苏达是一家公司的业务代表，在一次聚会时，他与另一家公司的业务员相遇，两人很投缘，大有相见恨晚之感。苏达把对方当成了自己的贴心朋友，结果在耳热酒酣之后，把自己公司将要开展的业务计划说了出来，当然，是在对方承诺保守秘密的前提下。一个月后，当苏达的公司把新的业务计划转入实际运作时，却被客户告知别的公司已经在做了，并签了合同。作为与老板共知计划机密的苏达，自然被老板狠狠批评了一番，并罚薪降职，永不重用了。

任何时候，你都不要期望别人为你保守秘密，假如你果真有什么秘密的话，请把它保存在自己的心里。如果把它告诉别人后，再指望别人为你保密，是很不明智的。心事是自己的秘密，只可留给自己，千万不能搁不住事，让它成为别人要挟你的把柄，那真是单纯过头，愚蠢透顶了。

当你的生活出现个人危机时，如失恋、婚变之类，最好还是不要随便找人倾诉；当你的工作出现危机，如工作不顺利，与老板、同事相处不好时，你更不应该向人袒露胸襟。如果对方能为你保守秘密，问题自然不大。但是，你对他人了解多少呢？你怎么知道他不会把你的话传出去呢？

杨锐是一家电脑公司的技术员，平时跟老板相处得就像哥们儿。一天下午，杨锐加班加得很晚，老板请他吃晚饭。几杯酒下肚，杨锐头脑一热，说他也想开一家电脑公司。

老板一愣，但很快恢复了镇定，并鼓励他说："年轻人就应该有闯劲，我支持你。"杨锐说："我现在的技术还说得过去，但对销售还是一知半解。"老板说："一边工作一边学习嘛。凭你的能力，再干上两年就能独当一面了。"杨锐说："你放心，两年之内我是不会走的。"

一周后，公司又招聘了一名技术人员，杨锐也接到了解聘通知。杨锐一脸茫然，找老板询问。老板一本正经地说："在我的公司里，你已经没有什么需要学习的了。你应该多干几家公司，多积累点经验。我是从你的自身发展考虑才忍痛割爱的。"

杨锐蓦然醒悟自己为什么被炒鱿鱼了，都是因为自己跟老板交心，才让老板抓住如此"富有人情味"的把柄！

在现实生活中，领导受制于下属、老实人反被朋友陷害的事例不胜枚举。我们不主张去害别人，但存有防范之心，无论如何都是必需的。千万不要将自己的底细轻易地向人兜售出去，那样会被居心不良的人当成击败你的利器。

普通人有一个共同的毛病：肚子里搁不住事儿，有一点大事小情，就总想找个人谈谈；更有甚者，不分时间、对象、场合，见什么人都把心事往外掏。当你和别人共同拥有一个秘密时，你往往会因这个秘密同对方拴在了一起，这对你灵活机动地处理事情是一个障碍。在处理一件事时，你往往要考虑他的利益，这往往使你做出违背原则的事。同时，对方可能会在关键时刻，拿出你的秘密作为武器回击你，让你在竞争中失败。

职场上风云变幻，环境险恶，你不害人，同时也不得不防人，把自己的“私域”圈起来当成话题禁区，轻易不让人涉足，这是一个成熟的人非常明智的一招，也是竞争压力下的自我保护。

话不说满，才有回旋的余地

生活中有许多尴尬是由自己一手造成的，其中有一些就是因为我们将话说得太满。有些人对任何事都以“没问题”“包在我身上”之类的话一口承诺；可是，嘴上承诺，脑中遗忘，或脑中虽未遗忘，但不尽力，或尽了全力也办不到。这是一种严重的对他人不负责的行为，最后也只能为人所不屑。

把话说得太满等于不留退路。因此，我们说话时，要留点容纳“意外”的空间，给自己留下转身的余地。人说话留有空间，便不会因为“意外”出现而下不了台。所以，很多人在面对记者的询问时，都偏爱用这些字眼，诸如：可能、尽量、或许、研究、考虑、征询各方意见……这些都不是太肯定的字眼。他们之所以如此，就是为了留一点儿空间好容纳“意外”；否则一下子把话说死了，结果事与愿违，那不是很难堪吗?

一家晚报的记者小费受命去采访一个重要事件。领导知道这次采访任务重，因此在给他安排工作时就特意问他有没有问题，小费却不假思索地拍着胸脯说：“没问题，包您满意！”领导看他那么有把握，也就没再说什么。

可是，过了三天，小费没有任何动静，连起码的工作反馈也没有。领导只好主动找小费追问那件事的采访工作进展如何。小费这才老实地说：“不如想象的那么简单，还没有采访完呢！”虽然领导当时没说什么，但是对小费已形成了喜欢说大话、做事草率的印象，并且开始对他有些反感。由于他工作的延误，导致整个部门的工作都无法正常完成。后来，领导再也不委任他重要的工作了。

这就是做事欠考虑的结果，如果小费当初能仔细分析一下困难在哪儿，提出比较好的采访方案，即使晚几天，领导也会理解的。可他没有那么做，而是轻率地答应了下来，才落得工作没做好而又遭领导嫌弃的下场。

这是把话说得太满而给自己造成窘迫的例子。当领导委托你做某事时，一定不要不假思索地满口应承，至少也要冷静一分钟，在大脑中转一个圈子，考虑这件事自己能不能办得到、办得好。把自己的能力与事情的难易程度以及客观条件是否具备结合起来考虑，然后再作决定，这样做能显出你的谨慎，对方会因此更信赖你，即便事情没做好，也不会责怪你。

有许多诺言是否能够兑现，不只是决定于主观的努力，还有客观条件的因素。有些照正常的情况是可以办到的事，后来因为客观条件起了变化，一时办不到，这是常有的事。因此，我们在工作中，不要轻率许诺，许诺时不要斩钉截铁地拍胸脯，应留一定的余地。否则，把事情弄得很难堪就会影响自己的声誉。

在生活中，无论求别人办事，答应为别人办事，还是拒绝他人，都要注意把话说得留有余地。吃饭吃个半饱才有助于健康，饮酒饮到微醺才能体会到饮酒的快感，很多时候我们需要给自己留下一点空隙。留有余地，才会有事后回旋的空间。就像两车之间的安全距离，要留一点缓冲的余地，才可以随时调整自己，进退有距。

1. 可以答应，但不要“保证”

当别人有求于你时，对别人的请托可以答应，但不要说

“保证没问题”，应以“我尽量”“我试试看”回答。用不确定的词句可以降低人们的期望值，如果你不能顺利地完成任务，对方会因对你期望不高而尽量谅解；如果你能出色地完成任务，他们会喜出望外，对你高看一眼。

2. 采取拖延性的许诺

对一些可能会拖延很长时间的事情，采取拖延性地许诺。有些事情，根据时间的变化，具体情况是会变的。如果许愿时加入一些拖延时间的概念，比如，像“年底”“下一年度”等，根据具体情况的变化灵活应变，效果会更好。

3. 许诺时应加以一定限制

对自己主观努力无法解决、只能在特定客观条件下才能解决的事情，许诺时应加以一定限制。例如“在符合政策的前提下”“如果法律规定可以的话”等，既能体现出自己的诚恳，又留下了余地，显示了自己的主观努力和良好愿望。

在如今复杂多变的社会，说话不留余地等于不留退路，为此付出的代价有时是你无法承受的。与其蛮力逞能，不如多用一些和缓的说话方式。凡事要留有余地，不要把话讲得太满，要收放自如，在适度和完美之间找到平衡，从而让自己立于不败之地。

拒绝要委婉，别伤害了别人的自尊

做人不能太单纯，要敢于拒绝他人，同时我们也要善于拒绝，要做到既能够拒绝别人，又不能让对方太尴尬和难堪。在生活中，我们每个人或多或少都拒绝过别人，谁也不可能做到对任何人都有求必应。但是，同时我们也认识到，拒绝并不是只要对一个人说不那么简单，生硬的拒绝，必定会让对方感到难堪，无地自容。所以说拒绝一个人容易，而难的就是如何拒绝，怎样拒绝。

我们难免要拒绝别人的一些要求，不论是哪种要求，都不宜明确直言地拒绝别人，否则会显得你不近人情。我们在拒绝别人的时候，应当注意不要损害了他人的面子。如果既拒绝了别人的要求，又让他们丢了面子，那么他们心中产生的不满之情是在所难免的。可是如果在拒绝别人的非分要求时，又不让对方丢面子，使别人非常体面地接受拒绝，结果必然会大不相同。

拒绝他人，当然会引起对方的一些不快。然而对于他人向我们所提出的一些要求，有时，我们还是要加以拒绝的。那么，怎样才能尽量地把这种因拒绝而可能引起的不快控制在最低限度之内呢？这就需要我们在拒绝对方的时候，巧妙地说一些话。拒绝对方，你可以采用委婉含蓄的方式，既可以达到目的，又不影响彼此之间的关系。

1. 间接拒绝

所谓间接拒绝，就是用温和与曲折的语句，来表示拒绝的意思。和直接拒绝相比来说，它非常容易让对方接受。因为它在一定的程度上，顾全了被拒绝者的自尊心。

比如，一位男士送内衣给一位关系一般的女士。如果这位女士反唇相讥“这是给您妈买的吧”，那就变成泼妇了；不如婉言相拒，可以这样说：“它很漂亮。只不过我男朋友给我买过好几件这种式样的了，留着送你女朋友吧。”这么说，既暗示了自己已经“名花有主”，又提醒对方注意分寸。

2. 先肯定后否定

对对方的请求不要一开口就说“不行”，而要表示理解、同情，然后再据实陈述无法接受的理由，获得对方的理解，自动放弃请求。

如果你的一位同事想把本应由他自己完成的工作转嫁到你的肩上，你千万要避免出自本能的拒绝：“哎呀，你的事我可干不来。”为了慎重起见，你不妨这样对他说：“我非常愿意帮你的忙，但事不凑巧，我手头的那份工作还没干完。依我看，你的能力和素质完全可以胜任，不妨你先干起来，或许我还能帮你干点别的什么？比如说，今天我要上街买东西，你不顺便带点什么吗？”这种带有相反建议的拒绝，合情又合理，对方还能有什么好说的呢！

3. 转换话题

在不好正面拒绝的时候，就只好采取迂回的战术，转换话题也是一个好办法。对方提出某项事情的请求，你却有意识地回避，把话题引到了其他事情上。这样，既不使对方感到难堪，又可逐步减弱对方的企求心理，达到委婉拒绝的目的。

一位精明的家庭主妇，对任何推销员都可以让他们心服口服地打退堂鼓。她会说："哎呀，真不巧，我的儿子也是推销杂志的啊……"到这个地步，就是再顽强的推销员也会知难而退。

4. 敷衍式拒绝

"敷衍式拒绝"，是最常见、最常用的一种拒绝方法，敷衍是在不便明言回绝的情况下，含糊回避请托人。敷衍是一种艺术，运用好了会取得良好的效果。

有关人士的个人经验是"一拖二推三找理"。一拖，把事情往后拖，这样回答："好的，我来做，不过这会儿我手上还有一些业务，还有领导安排的事情，可能这事要耽搁一下……"二推，把事情往别人身上推，这样回答："好的，我可以做，不过，我对这事不是很熟悉，以前一直都是小高做的，要不您看还是他牵头来做，我配合他，再学习一下……"三找理，用制度、规范、责任等进行拒绝，这样回答："我做没问题，但是按岗位划分，这个不是我的事情，我担心出错后怪罪下来，对领导您不利……"

避开实质性的问题，故意用模棱两可的语言作出具有弹性的回答，既无懈可击，又达到了拒绝的目的。

在人际交往的过程中，善于拒绝者，既可以使自己掌握主动，进退自如，同时又可以给对方留足“面子”，搭好台阶，进而使交际双方都能免受尴尬之苦。

说话要分清场合，注意分寸

在生活中，有些人看似伶牙俐齿、口若悬河，心里想什么就说什么，完全不看是什么场合，结果无意间冒犯了他人，破坏了交际效果，这完全是缺少场合意识的结果。

正因为受特定人际关系和场合心理的制约，有些话只能在某些特定场合说，换一个场合就不行。同样一句话，在这里说和在那里说也有不同的效果。因此，在人际交往中，说什么，怎么说，一定要顾及场合、环境，才有利于沟通。不顾及场合的心直口快是不值得提倡的。

美国总统里根一次在国会开会前，为了试试麦克风是否好使，张口便说：“先生们请注意，5分钟之后，我将对苏联进行轰炸。”一语既出，众皆哗然。里根在错误的场合、时间里，开了一个极其不当的玩笑。为此，苏联政府提出了强烈抗议。这说明，在庄重严肃的场合，说话应注意分寸。

有些人说话所以惹恼人，并不是他们不会说话，而是场合意识淡薄。说话必须要讲究场合，不注意这点，说一些不适宜场合气氛情境的话，往往会与初衷适得其反。对于这些人来说，当务之急在于增强场合意识，懂得不同场合对说话内容和方式的特定限制和要求，时时不忘看场合说话。

在不同场合中，人们对他人的话语有不同的感受、理解，并表现出不同的心理承受能力。比如，在小场合和大场合、家庭场合与公众场合，人们对于批评性说法的承受能力有明显的差异。因此，在和人沟通时，不同场合、不同时机，就应该以不同的方式说不同的话。

同样的内容，由于场合的不同，说话的方式也应不同。只有依据不同的场合，选取最恰当的词语，才能准确地表达自己的思想感情，才能有效地防止祸从口出，这就需要我们对一些场合有正确的认识。一般而言，说话的场合有以下几种。

1. 正式场合与非正式场合

在正式场合说话应严肃认真，事先要有所准备，不能毫无逻辑。在非正式场合，则可以随便一些，像聊家常一样，这有利于促进感情交流，谈深谈透。有些人说话文绉绉，有些人讲话俗不可耐，就是没有分清正式场合与非正式场合的界限。

2. 自己人场合和外人场合

我国传统文化讲究对“自己人”可以无话不说，自己人指的是亲戚朋友等关系比较近的人，在他们面前即使说了些出格的话，也都能包涵。而在外人面前，则应小心提防。遵循内外有别的界限说话，是恰当得体的，违反这一界限，便会被认为是“乱放炮”了。

3. 喜庆场合与悲痛场合

一般来说，说话应与场合中的气氛相协调。常言道“人逢喜事精神爽”，在喜事降临对方时，我们上门找其交谈，对方会不计前嫌，而且会认为是对他成绩的肯定、人格的尊重，从而也就乐意接受你的话。在对方心情不好时，你说什么话对方也听不进去，还会认为你这个人太不懂事了。

有位记者曾去采访一支刚与著名足球队交过锋的某球队领导。一进门，发现休息间气氛沉闷，一位球员铁青着脸，圆睁着眼，他赶紧退了出来，取消了这次采访。后来，这位记者才知道，这支球队吃了败仗，正在怄气。倘若当时不看脸色，硬要不知趣地采访吃败仗的“将军”，非挨骂不可。这位记者就很有经验，懂得采访的“火候”。

4. 适宜多说的场合与适宜少说的场合

如果对方很忙，时间很紧，说话就得简明扼要，假如跟他谈笑风生，海阔天空，主观愿望是好的，但一定会引起对方反感，甚至会让对方下逐客令。

说话看场合，是做人成熟的表现，同时，它也是一种保护自我的手段。这样说话是一种可以变通的说话方式，要求你要能看清所在的环境，再选择说什么话，这样你就会成为一个受人欢迎的说话高手。

谨言慎行，言多必失

有一句老话说得好：“言多必失，祸从口出。”意思就是说，每个人都应该替自己的嘴上加把锁，防止说话时不留分寸，把不好口风，结果给自己带来灾祸。

人总有心情不愉快的时候，讲起话来不免会愤世嫉俗，说出许多过头的话。一个人总是滔滔不绝地说话，说得多了，言语中就自然而然地会暴露出许多问题。例如你对事物的态度、你对他人的看法、你今后的打算等，都会从言语中流露出来，被他人所了解、闲传，容易造成误解、隔阂，进而形成仇恨。

言谈的灾祸，主要表现在以下两个方面：一是对身边的人和事评头论足，正是这种不考虑后果的高谈阔论，惹怒了领导和同事，从而埋下了灾祸的导火线；二是在众人之中鼓唇弄舌，搬弄是非，像长舌妇一样，今天道东家长，明天说西家短，这种缺少修养的言谈，没有不遭到报复的。

隋朝名将贺敦立有大功，他因为对朝廷赏赐不公心怀不满，便口出怨言，结果被权臣宇文护逼令自杀，临死时，他叫来儿子贺若弼说：“我因口舌而死，你不能不记住！”接着用锥子将贺若弼的舌头刺出血来，以此告诫他慎言少说。

贺若弼开始还能记住，经常以“遇事三缄其口”来提醒自己，可随着他功劳越大、地位越高，便把父亲的告诫忘到脑后去了。同父亲一样，他也因对朝廷封官不满而大发牢骚，被免去了官职；他不接受教训，反而怨言更多，于是被逮捕下狱，继而被处以死刑，重蹈了父亲的覆辙。

常言道，病从口入，祸从口出。做人常喜欢津津乐道，传递小道消息，喜欢谈论东家长西家短，乐于神侃吹牛等，都不是一种好现象。这种现象若不及早纠正革除，总有一天，会自食苦果。我们身在职场，要尽量少说话，否则稍不注意就有可能自毁前程。

有“未来总理”之称的37岁政治家约翰·布洛戈登，因为在酒会上的超常失态举动，被迫宣布辞职，自毁大好前程。此前，布洛戈登被澳大利亚各方看好，认为他最有可能成为澳大利亚未来的总理。

布洛戈登之所以痛失良机，是因为没能“管好自己的嘴”。之前，他在参加澳大利亚的一次酒会时，不小心喝多了，不胜酒力的他立即丑态百出：先是跟几个金发女郎乱调情，然后笑称巴尔的马来西亚裔妻子海伦娜是“邮购新娘”（指透过婚姻中介挑选男性，并借此出嫁的女性。这是一个带有贬义的用语，具有冒犯性）。巴尔对布洛戈登的言辞十分不满：“我没法接受他的道歉，因为他的话给我的妻子造成了非常大的精神伤害。”海伦娜17岁时从马来西亚到澳大利亚求学，毕业于悉尼大学，后来成为成功的生意人，并且在澳大利亚政界以热情而声誉颇佳。

当时的澳大利亚总理霍华德强烈谴责布洛戈登的言论：“那样说真是大错特错了。我跟海伦娜熟悉，她是一个非常大方热情的人，那样的言论怎么也不应该说。”

后来，布洛戈登在当天匆忙举行的记者招待会上神情尴尬地表示，他对自己的失言表示道歉，这意味着他失去了成为澳大利亚总理的机会。

在职场上，我们每天和同事、领导之间难免有话要说。说什么，怎么说，什么话能说，什么话不能说，都应该有讲究。可以说，在职场上，说话也是一种艺术。很多时候，有些人吃亏就是因为没能管住自己的嘴巴。

我们常说“三思而后行”，实际上，在和人交流的时候，同样要做到“三思而后说”，想好什么该说，什么不该说。有时候，说话欠考虑往往会给我们造成难以挽回的损失。粗心的人说话常常不经仔细思考，只顾自己把话说完，而忽略了“听者”闻后所想，结果无意中得罪了别人，却还不自知。有些人天生爱说话，但是你要明白哪些话能说，哪些话不能说。该沉默的时候闭上嘴巴，是一种智慧的体现。

少说，并不是让我们不说，而是让我们说该说的话，恰如其分地说话，绝不可胡说、乱说。孔子在《论语》里说：敏于事而慎于言，君子三缄其口。身在职场，如果你不能够确定自己要说的话对人、对事是否有益无害或者利多害少，那就不如不说。因此，在工作中，我们应该多做少说，踏实做人。

也许有人会说，有人说，少说多做岂不是吃亏了？其实不然，少说多做，正是聪明人的表现。如若能够真正做到少说多做，那你一定会收获更多。

第6章　留点心眼，识破他人语言背后的心态

单纯的人不会识人，也不去体察人心，因而受伤的总是自己。如果你没有一双善于观察的眼睛，就很可能被一些人的外表所迷惑，上当受骗。社会是很复杂的，生活是残酷的，它告诉我们：为了生存必须学会识人。留意别人的一举一动，做到洞悉他人，在人际关系之中才会有胜算。

进入职场，你首先要学会识人察人

为了生存，我们要跟各种各样的人打交道。这就需要我们时时对别人作出判断，以保护自己，发展自己。单纯的人不会识人，也不去体察人心。他们总把别人的心理和行为理解得过于简单和单一，因而很可能被一些人的外表所迷惑，上当受骗。社会是很复杂的，生活是残酷的，它告诉我们：为了生存必须学会识人、看透人心。

识人，说得简单一点就是通过对他人种种行为的观察，来达到对他人性格及内在品质的了解，也就是看清一个人的内心世界和真面目。人心是很复杂的，要读透一个人不容易。从某种意义上说，人是一部复杂的、难以读尽也难以读透的大书。人有坏人与好人之分，有真君子与伪君子之分。人还有表面诚

实而心藏杀机之人；有表面愚笨而内里聪明之人；有自作聪明而实则愚蠢之人；有当面一套背后一套之人……难怪人们常说，天下者，知人为难。要认识一个人是容易的，要深入了解一个人却很困难。

识人之所以难，难在人心变化莫测。但尽管识人难，我们还得识。生活在这个世界上，无论各行各业，三教九流，只要存在着人与人之间的交往，就离不开识人。领导识人是为了知人善任，而商人为了赢得顾客也需要体察人心。即使是普通人，大到为了成就一番事业，小到为了防止吃亏上当，也都要学会识人。

学会识人是职场上的一门必修课。会读的人读全面，不会读的人仅读到枝节；会读的人读内在的本质，不会读的人仅读表面的现象。一个人仅仅能力强、会做事还不够，会识人才是最重要的。在人际交往越来越频繁、人心却越来越难测的今天，不管是新交或旧识，我们每天都要不断跟人交手、相处。事实上，会不会“识人”，才是能否“成事”的关键。

沈方正是台湾最棒的温泉旅店“礁溪老爷大酒店”的总经理，他平时有观察人的习惯。

初进职场时，他喜欢站在办公大楼前看着来往的人，从人们不同的穿着、表情、动作等方面，猜测他们的性格、职业等，以此磨亮眼光和心智。

在聚餐的场合，他会猜测在座女同事背的是什么包，然后从包的大小、品牌、位置等推测对方的个性。心思细密的沈方正认为："女生背的包是最好的性格密码。"比如，习惯拿小包的人心思细密、拿大包的人凡事喜欢自己做主；包可以一眼看到品牌的，个性较直接、容易沟通，看不出品牌的，属于较深沉、有个性的人。开始用餐时，他也会观察对方点什么菜，菜的种类是否齐全等，细致入微的程度，让人禁不住称赞："眼睛真的很毒！"

古今中外，所有有所成就的人，几乎都是观人识人的高手。会观人识人才谈得上用人，而会用人，是创造辉煌业绩的前提。成大事者在进入社会之前都先懂得如何识人，看懂人心是他们成功的重要一环。

美国哈佛大学设有一门"观人学"课程，并把它定为学员的必修课程。其实，观人学在中国也并非是一个新生事物。古代考察人才的方法就有文王识才法、庄子识才法、诸葛亮识才法、刘邵选才法、刘向选才法、曾国藩选才法等。古今中外，无数的先人研究总结出了各种各样识人的手段与方法，可以洞察一个人的内心。

通过学习，谁都能成为识人专家。比如，从第一印象可识人心；从对方的衣着服饰可识人心；从对方的举止可识人心；从对方的眼神可识人心；从面部表情的变化可识人心；从对方的体型坐相可识人心等。会识人者总是善于从细节中捕捉成功的机会，因为，一个微小的动作，可能已经透露了对方内心的真实想法。观人于细微，察人于无形，迅速地看透他人内心，这样的本事是可以完全学会的。

读人没有那么高深莫测。美国著名心理学家狄米博士说：“我个人的经验告诉我，读人既不是科学，也不算天分。它侧重的是，知道该去看些什么，听些什么。要具有好奇心及耐心，注意收集重要的资讯，并且从一个人的外貌、肢体语言、声音和行为上归纳出他的模式。”

我们只有真正地认识人，才不会把敷衍的谎言当作真诚，才不会错判他人的本意而坐失良机。从外交活动到商务谈判，从求职面试到拜访顾客，谁能最先洞察对方内心的想法，谁就能够赢得成功的主动权。所以，留意别人的一举一动，做到洞悉他人，在人际关系之中才会有胜算。若想真正做到“知人知面又知心”，就从现在开始“用心”看人吧！

辨人识才，别一叶障目

在生活中，要真正了解一个人，需要长时间地、持续地观察。只有通过细致彻底的观察，才能正确评估出一个人的价值并给他合适的信任。身处复杂的社会，对任何细微的变化要加以观察注意，这样才能进退有据。通常除说话以外，一个眼色、一个表情、一个动作都能在特定的语境中表达明确的意思。在生活中，只要根据对方在待人处世时表现出来的蛛丝马迹，再换个角度仔细分析，就能看清这个人的本质。

杰琳是个家庭主妇，她的朋友介绍她到某个银行去存钱，杰琳对她的朋友说："这家银行的信用如何我不大清楚，让我考虑一下好吗？"她在考虑的时间里，注意搜集有关这个银行的资讯，并在一个聚会上见到了这个银行的董事长。她发现此董事长精神不振，不是一副干事业的样子。杰琳从这个小细节里，认识到这家银行不景气，于是她把钱存进了另外一家银行。过后不久，朋友介绍的那家银行就倒闭了。如果杰琳不会识人，把钱存进快要破产的银行的话，后果可想而知。

辨识人才，须从细微处入手，力求全面。古人说："见骥一毛，不知其状；见面一色，不知其美。"辨识人才也是这样，不能看某人在某一时、某一事、某一方面的表现，而要从多方面进行观察，进行综合性的思索，然后再得出结论。

朱印是某单位新调来的一位部门主管，据说能力非凡，专门被派来整顿业务。可是时间一天天过去了，他却毫无作为，每天匆匆走进办公室，一待就是一上午，那些本来很紧张的"坏分子"现在反而更猖狂了："他哪是什么能人，根本是个老好人，比以前的主管更容易唬！"

几个月过去了，就在许多人感到失望时，朱印却突然发威了——开除"坏分子"，提升能人。下手之快，断事之准，与以前的表现简直是判若两人。

年终聚餐时，朱印在饭桌上向大家解释说：

“相信大家对我新到任期间的表现和后来的大刀阔斧一定感到不解，现在听我说个故事，各位就明白了。

“我有位朋友，买了栋大房子，院子大而宽敞，他一搬进去，就将那院子全面整顿，杂草野树一律清除，改种自己新买的花卉。一天，原先的房主来访，他一进门，就大吃一惊地问：‘那最名贵的君子兰哪里去了？’我这位朋友这才发现，他竟然把君子兰当野草给铲了。后来他又买了一栋房子，虽然院里更是杂乱，他却按兵不动。到了春天，原以为是杂树的植物，竟开了繁花；原以为是野草的，夏天里成了锦簇；半年都没什么动静的小树，秋天居然红了叶。直到暮秋，他才真正认清哪些是无用的植物，将之统统铲除，并使所有珍贵的草木得以保存。”

说到这儿，朱印举起杯来：“我敬在座的每一位，因为如果我们部门是个花园，你们就都是其间的珍木，珍木不可能一年到头开花结果，只有经过长期的观察才认得出啊！”

这个故事告诉我们，一个人的真实面目，是需要经过长期的观察才能认清的。我们对此应有所警惕，学会抛弃自己先入为主的成见，全面地看待一个人。在日常生活中，我们要养成多听多看的习惯，经常以“看”来验证“听”，以“听”来验证“看”，综合“听”与“看”之后，再作判断。

识人往往容易受忽略细节、感情用事、固执己见等诸多因素的影响，而被识者又往往有复杂而多变的心思，会给辨别人带来困难。尽管如此，识别人的真伪是有迹可循的。

1. 随时观察

我们可以通过日常工作和生活，对他人进行有意识的观察。留心被考察者的言论举止，看其觉悟高低、能力大小；通过观察他结交什么人、鄙弃什么人，看其思想状况和品格高低；通过被考察者在关键问题上和关键场合中的表现辨其良莠；在相互比较中观察。

2. 直接面谈

面对面交谈能使我们对考察对象产生直接的感受和较深的体验，从中窥见其思想水平高低、见识深浅。面谈之前，应对被考察者的各种背景材料进行尽可能多地了解。谈话的气氛要轻松愉快，亲切融洽；要掌握谈话的主动权，善于观察和分析对方的反应。

3. 有意考验

仅仅面谈和观察，有时还不足以识别一个人，这就要求我们进一步采取一些必要的方法，对被考察者进行一些有目的的试探，在动态中进行考察。比如，可以有意识地把某人放在某环境中，看他的表现；有目的地把某项工作交给他去完成，从而检验他的能力；授意他在某场合发言以考察他的水平等。

总之，随时留意别人的一举一动，做到洞悉他人，在人际关系之中才会有胜算。

从他人的语言中洞察其心理活动

心有所思，口有所言。通过语言这个窗口，可以窥见人的内心世界，言谈能告诉你一个人的地位、性格、品质及至流露的内心情绪，因此听人说话是识人的关键所在。比如：某大酒店的总经理冯先生表示，他主持面试时，故意对前来应征的人采取非常随便的态度；起初年轻人都规规矩矩地应答，但不久，他们的习惯语就会脱口而出，而冯先生就利用这种方式来了解应征者的真实面目。

由此看来，察言是很有学问的技巧。人内心的思想，有时会不知不觉在口头上流露出来，因此，与别人交谈时，只要我们留心，就可以从谈话中探知别人的真实本性。

日本名古屋商工会议所急需聘请一位主任。于是，名铁百货公司社长长尾芳朗把自己的一位朋友推荐给名古屋商工会议所的主席土川元夫。

面谈后，长尾问土川他的朋友怎么样，土川回答说："你的那位朋友不是人才，无法聘用。"

长尾非常吃惊，并有点儿生气地说："你就和他谈了20分钟，怎么就知道他不是人才呢？你的判断也太草率、太武断了吧！"

于是，土川解释说："他刚和我一见面的时候，就滔滔不绝地说个没完，我根本就没有说话的机会。当我说话的时候，他却左顾右盼，不注意倾听，这是我说他不是人才的第一个原因。第二个原因，他非常喜欢宣传他的人事背景，一会儿说某某要人是他的好友，一会儿又说某位名人是他的酒友，并向我炫耀，好让我知道他也不是等闲之辈。第三个原因，我想知道他有关管理方面的见解，他却又吞吞吐吐说不出来。这种人怎么能称为人才呢？”

听完土川的这番话后，长尾佩服得直点头，认为土川的话非常有道理。

有时候，人所想的是一回事，所说的又是另一回事，他们常常以冠冕堂皇的言辞掩盖其险恶的用心，以获得人们的支持，达到不可告人的目的。但是，只要你细心观察其言行，并加以分析，就会发现他的漏洞。

通过一个话题探索到对方的深层心理，其方式有两种：一是根据话题内容来推测对方的心理秘密；二是根据谈话的方式洞察对方的深层心理，以了解对方的个性特征。

人们常常将情绪从一个话题里不自觉地呈现出来。话题的种类是形形色色的，如果要明白对方的性格、气质、想法，最容易着手的步骤，就是要观察话题与说话者本身的相关状况，从这里能获得很多的信息。这里所说的话题，是指尽可能地让对方尽量去发挥，无论内容是否真实，我们都可引来作为判断的资料，资料愈多，我们的判断就愈正确。

人的种种曲折的深层心理会不知不觉地反映在措辞上，通过分析措辞常常可以大体上看出这个人的真实性格。比如，有人总爱说："你明不明白，你懂了吗？"这样的人大都自以为是、骄傲自满。有的人往往说："说实在话，真的是这样，我一点都不骗你。"这样的人总担心别人误解，或是急于博取别人的信赖。而经常爱说"我听别人讲，听说的"，这样的人处世比较圆滑，总要给自己留有余地，怕负责任。

一般说来，一个人的感情或意见，都在说话方式里表现得清清楚楚，只要仔细揣摩，其真实意图就能从说话的帘幕下逐渐透露出来。

一般人对自己不满意或对之有敌意的人，说话速度都会不自觉地放慢，甚至让人感到好像不会说话。相反，当有人心怀愧意或想要说谎，说话的速度往往会快得吓人。比如，平时能言善辩的人突然变得口吃起来，或者平时说话不得要领的人突然说得头头是道，这就要注意，是否发生了什么事情，使他们发生这么重大的变化。如果人有愧于心，或者有意要撒谎，说话速度自然会变快起来，特别是想取得对方谅解时，不仅速度加快，还会找些话题以图亲近。曾有一位评论家说："男人在外面拈花惹草之后，回家往往会突然对妻子滔滔不绝说很多话。"因为一般人在深层心理有烦恼不安或恐惧等感情时，会以快速说话缓和内心的不安与恐惧。

一个人说话的语速可以反映出他的心理健康的程度、性格特征以及心理变化。一个心理健康、感情丰富的人在不同的环境下会表现出不同的语速。一般而言，说话语速较慢的人比较厚道老实、性格内向，可能会有点木讷；而说话飞快的人比较精明，热情外向，偏向于张扬的性格。

所以，我们在谈话过程中，要注意对方讲话的内容及说话速度，以了解他们的心理。这是一个成熟的人必须掌握的一种技能。

观其行动，了解人心

我们要注意，通过表相识人是一条捷径，很直观，却不是很全面。在现实生活中，许多人的思想并不完全体现在他的表相当中。因此，当你不了解某人时，最好不要轻易被他的表象左右了自己的判断。因为这种表象很可能是一种假象。

美国心理学者奥古斯特曾经做过一个实验，让几个人做出愤怒、恐怖、诱惑、漠不关心、幸福、悲哀等表情，并用录像机录下来，然后，让人们猜测哪种表情是表现哪种感情的。结果是，每人平均只有两种判断是正确的，当表演者做出愤怒的表情时，看的人却认为是悲哀的表情。人是一个矛盾的综合体，人们的喜怒哀乐，远非自身所表现出来的那么简单。欢笑并不一定代表高兴，流泪并不一定代表伤心，拍手并不一定代表赞赏……为此，你要认真分析，学会识别人心，掌握一些辨识他人行为的本领。

鬼谷子认为，了解人物的深层次心理以及相关信息，除了多角度的观察方法外，还需要策略性的试探技巧，这就是“摩意术”。在现实生活中，运用“摩意术”策略性地刺激对方，令其作出反应，通过对这些反应的细致观察与分析，反复地揣摩，就可以得出更为精确的认识。这种“摩意术”，无论是现代还是古代，都应用得较为广泛。

广州民办学校的教师黄正文，一直有一个大梦想——建一个教育网站。这最少得几百万，对于他这样月工资仅两千元的人来说，实在是遥不可及。一天，黄正文无意间向一位叫陈焕光的学生家长谈起了自己的梦想。陈焕光就问他：“这需要多少投资？”“500万元吧。”陈焕光点了点头，没再说什么。可是没想到，时间不长，陈焕光却主动找上门来，说：“我给你500万，你来做吧。”

有了强大的资金支持，黄正文开始大胆干了。不久，一个涵盖中小学全部课程内容的数字化教育资源网站终于打造成功了。一年内，销售额超过了1000万元。

这时，有人疑惑地问陈焕光：“你当初怎么敢把500万元交给一个毛头小伙子呢？”

陈焕光笑着回答说：“我可不是没有原则地瞎投入，投资之前我是作了一番认真考查的。我最初听小黄说起他的梦想，觉得前景非常好，但不了解他是怎样一个人，所以吃完饭后我就试探他说，‘去洗洗脚吧’。他一听脸就红了，结结巴巴地说，‘我从来没去过那种地方’。我觉得他说的是真的，因为他连喝一杯啤酒脸都会红。

“初步的印象不错，但这显然不够。后来我又提了一个要求，就是让黄老师带我到他老家去看一看，我想知道他在家乡那边为人怎么样。那天，我很早就起来了，看到黄老师也起来了，没有睡懒觉，他已经把家里打扫得非常干净，东西摆放得也很整齐，我感觉他做事是很有条理的。从他的父母那里，我听到黄老师还为他们在县城里买了一套房子，这让我非常意外，因为他收入并不高，参加工作时间又不长，当时我觉得他对父母很孝顺，这绝不是装出来的，否则他一定不会去买房子。

“考查的结果，黄老师是一个非常踏实的人，做事很认真，值得信任，把钱交给他是让人放心的。回来后我就下了决心，第二天我就把钱打到了他的账户上。”

由此可见，人的本质平时都隐藏着，看不见又摸不着。你必须听到他的语言，又要看到他的行为，才能真正了解他这个人。学会与人打交道，学会了解对方的心理活动，是建立成功人际关系的秘诀。

一般情况下，以行动和言语相对照，是最正确的透视人心法。但是，如果对方始终没有行为表现，我们也不能一直永无止境地等待下去，必须积极地采取主动，诱使对方有所行动之后，再加以观察。

有一天，魏武侯就有关探知敌情的方法问题，请教大军事家吴起时问道："和敌军对阵之时，如果不明敌情，应该采取什么策略？"

吴起回答说："应该采取诱敌之策。当两军交锋的时候，我们先虚应一下，然后退下阵来，借此机会观察敌军反应。如果敌军仍然阵容严整，不轻易追赶的话，表示敌军将领很有智慧；相反的，如果他们一点也没有纪律地追赶的话，就显示出这个将领是愚笨无能的。"

如果我们仅仅依据他人的语言而对其做出结论，难免具有片面性。只有听其言，观其行，洞其心，经过多方面的观察之后，才能真正认识一个人。

留点心眼，谨防甜言蜜语背后的陷阱

在现实生活中，虚饰其貌、以华掩实的现象比比皆是。北宋文学家王安石曾这样说道，"贪婪之人，常给人以清廉的样子；淫邪之人，常伪作纯情之举；奸佞之人，有时故作正直面目出现。"社会上常有这样的一些人，他们在意识到自己的缺点或缺陷的时候会刻意整饰自己，以掩饰其短而争取呈现好形象。由于这种整饰的作用很容易给人以假象，因而为识人增加了很大的难度。因此，我们在识人时不要被其表面所迷惑，应该练就识才的慧眼，在形形色色的人才中辨明真伪。

宋代大文豪苏东坡原来和谢景温关系很好。一天，两人一起在郊外漫步，这时正好有一只受伤的小鸟从树上掉了下来，谢景温抬脚就把这只受伤的小鸟踢到了一边，没有半点怜悯之情。苏东坡从他这个漫不经心的动作，看出了这个人冷酷的内心，断定这是个损人利己、不可深交的人。不出所料，后来谢景温为了讨好他人，便加害苏东坡，诬陷他运售私盐，企图将苏东坡治罪。

什么时候都有谢景温这样的人。通常，这样的人为人处世不太厚道，常通过不良手段以达成卑鄙的目的，所以大家常称这些人为“小人”。“职场小人”最大的特点就是两面三刀、爱拍马屁、爱抢功劳、什么事情都做得出来……单纯者与小人相处，稍有不慎，就会吃亏上当。但是，不论他们如何狡诈，总会露出一些蛛丝马迹来，只要用心就能识破。

清代重臣曾国藩是位眼光独到的识才高手。据说，李鸿章曾带了三个人去拜见曾国藩，请曾国藩为他们分派职务。不巧曾国藩出去散步了，李鸿章示意那三个人在厅外等候。不久，曾国藩散步回来。李鸿章说明来意，请曾国藩考察那三个人。曾国藩说：“不必了，面向厅前，站在左边的那位是个忠厚人，办事让人放心，可派他做后勤供应一类的工作；中间那位是个阳奉阴违、两面三刀的人，不值得信任，只宜分配做一些无足轻重的工作，担不得大任；右边那位是个将才，可独当一面，将来作为不小，应予以重用。”

李鸿章很吃惊，问：“还没用他们，您是如何判断的呢？”曾国藩笑着回答说：“我刚才散步回来，见厅外有三个人。走过他们身边时，左边那个低头不敢仰视，可见是位老实、小心谨慎的人，因此适合做后勤供应一类只需踏实、无需多少机变的事情。中间那位，表面上恭恭敬敬，可等我走过之后，就左顾右盼，可见是个阳奉阴违的人，因此不可重用。右边那位，始终挺拔而立，如一根栋梁，双目正视前方，不卑不亢，是一位大将之才。”

曾国藩所指的那位“大将之才”，便是淮军勇将，后来担任台湾巡抚、鼎鼎有名的刘铭传。

曾国藩并非有什么识人秘诀，只不过善于观察他人平常的言语及行为，通过这些信息，自然可以理出对方若干思维模式及行为规律，这种模式和风格就是他的平常状态。只要根据对方在待人处世时表现出来的蛛丝马迹，再换个角度仔细分析，就看清了这个人的本质。

做人不能太单纯，处处都要小心提防着小人。如果小人既行小人之事，表面上又要做出坦荡的样子，这种人具有很大的迷惑性，分辨起来很困难，但他们也有一些共同的特征。我们可以从小人的言行举止中了解、发现小人的本质，做出科学合理的应对策略，以便区分善恶，明辨是非，减少小人的困扰。

1. 心怀不轨，话语刻薄

这类人最爱传闲话，以谈论别人隐私为己任。他们唯恐天下不乱，惯用“听说”造句，甚至歪曲事实，没有根据地乱说。这类人就是看不得别人比自己好，别人比他好就怀疑别人的真实能力，说三道四。这类小人最擅长泼他人冷水，打击他人的信心，话语尖锐刻薄，从他嘴里说出的话好像一盆盆的冷水，硬朝你头上泼去。

2. 口是心非，讲一套做一套

为达到某种目的，他们可以用离间去挑拨他人间的感情，制造他人之间的不和，好从中取利。在你面前讲一套，在别人面前又说另一套；在你面前对你好，但是在别人的面前就出卖你，说你的不是。他们喜欢向你套话，甚至可以在你面前以一脸受委屈的样子，来得到你的同情。

3. 见事就躲，推卸责任

这类小人，每当有事情发生了，他们的第一个反应便是推卸责任，他们通常会说这不是我的错！他们会常责骂其他人，让他人替代自己背黑锅。有时候在人面前装得像是很热心的老好人，其实很懦弱，出了什么事情跑得比谁都快。

4. 两面三刀，落井下石

他们是诡诈的小人，也许开始时你会把他当作朋友，但后来却发现，他其实是在领导面前贬损你或欲加害于你。凡是能在领导面前露脸的工作抢着干，凡是领导看不到的工作就能推则推。这类小人的特点是“皮笑肉不笑”，叫人猜不透笑容背后究竟是什么。这是小人类型中最难以对付的一种。

下篇

率真一点更可爱，做人不必工于心计裁跟头

第7章　务实勤奋记心头，偷奸耍滑不长久

我们在生活中对人、对事都离不开“真”。一个人如果总是骗人，偷奸耍滑，那么，这个人就会迅速贬值，当其身处困境时，也得不到他人的援助。现代社会压力大，竞争激烈，许多人迫于形势已经变得不再那么单纯和道德了，但品格是不会过时的。拥有品格的人才能赢得别人的尊重和信任，为日后的长久发展打下坚实的基础。

欺骗一时，骗不了一世

众所周知，诚实是为人处世的基本原则。诚实就是真诚实在，不讲假话、不骗人。时代发展到今天，这一传统美德有逐渐消失的趋向，人与人之间的信任度也大大地降低了。诚实被看作“无用”的代名词，诚信者也是寥寥无几。欺骗，弄虚作假，投机取巧，比比皆是。有的人为了自己的利益背信弃义，有的人为了满足欲望花言巧语，巧取豪夺者很多，随意欺骗者随处可见。

生存于世，谁都免不了偶尔说谎。善意的谎言，是值得原谅的，甚至还可以说是一种仁慈。然而，欺骗却是不可容忍的。小骗骗取感情，大骗骗取钱物，都为一己私欲，害人

害己。

推销大师乔·吉拉德，曾因售出一万多辆汽车创造了商品销售最高纪录。他认为，“诚实为最上策”。诚实不仅是人的一种品性，而且是一种方法，一种可广泛运用于各种时候的最佳方法。他说：“绝没有人会傻到把‘六汽缸’的汽车说成‘八汽缸’而卖给客户，只要客户打开车盖，数数从配电器顶部伸出的电线数量，你的谎言就被拆穿了，然后客户将会向250人说你是一个说谎者。”“就算那位客户碍于情面不直接告诉亲友，他也会以其他某些方式破坏你或商店、商品的形象。因此你还是采用‘诚实为最上策’这个原则为好。”

诚实是完整人格的基本要素，不论我们身处何种环境之中，都不要放弃自己诚实的天性。美国总统林肯在一次竞选中说：“你能在所有的时候欺瞒某些人，也能在某些时候欺瞒所有的人，但不能在所有的时候欺瞒所有人。”即便虚假能使你攫取金钱，但也只是暂时的，你也不能得到心灵的宁静。诚实是人生的命脉，是一切价值的根基。一个人想做成一件事，如果没有更多的条件可以依靠，但只要有诚实，就能把事情做成。李嘉诚曾戏言自己不是“做生意的料”，因为他觉得自己不会骗人，不符合中国人无商不奸的标准，令人感叹的是偏偏是他做成了全亚洲独一无二的大生意。

香港首富李嘉诚在创业初期曾承受了许多挫折，他曾经因产品的质量问题被客户退货、银行催款。面对工厂的开工不足，他不得不决定停工裁员；留下的员工也为自己的前途忧心忡忡，无心工作。面对这一困境，李嘉诚觉得痛苦不堪。

他的母亲得知这一情况后，为了开导儿子，给他讲了一个故事：

很久以前，在一座山上有一座寺庙。寺庙住持慧通大师想在自己的两个弟子智能和文远中选一个接任住持。于是，他就把两个弟子召到方丈室，交给他们每人一袋谷种，让他们去播种，等到谷子丰收后再交给他，谁收的谷子多就让谁做未来的住持。谷子成熟之后，智能挑来了满满一担谷子，而文远却两手空空地来了。慧通问他俩原因，文远很是惭愧地说："我没有种好，谷子根本就没发芽！"慧通听了，当即就让他做了未来的住持。智能很是不服，慧通便说明了缘由，原来他给两个弟子的谷种都是煮过的，煮过的谷种又怎么会发芽呢？

听完这个故事，李嘉诚从中悟出一个道理：欺骗只是一时，诚实才是长久之策。

于是，李嘉诚立即召开全体员工大会，会上他作了深刻的自我检讨，承认是因为自己的经营失误才拖垮了工厂。他向全体员工赔礼道歉，请求他们的谅解；并保证从今以后，自己会与员工同舟共济，绝不会损害员工的利益来保全自己。全体员工都被李嘉诚的真诚所感动，有些员工还流下了眼泪。由于李嘉诚能够真诚地善待员工，全体员工与他携手并肩地工作，终于使长江实业摆脱了困境，稳步前进！

身在职场，我们跟人交往时要以诚相待。如果你想要靠欺骗来求得自己事业的发展，最终的结果只能是将自己的饭碗打翻。真诚是为人处世之根本，诚实做人才能够为自己建立良好的信誉，有了良好的信誉才能深得他人的信赖与支持，从而让自己在职场立足。

为了得到名誉、权力或者金钱，很多人昧着良心说话，以为欺骗就可以得到幸福。其实，欺骗就像栅栏，幸福会从其缝隙匆匆而过，只留下悔恨的痕迹。欺骗也许能得一时之利，却不能维持长久。如果你的欺骗被人看出，即使以后你真的有诚意，仍会被认为是另一种姿态的虚伪。

富兰克林曾说过："一个人种下什么，就会收获什么，如果我们真诚地待人，别人也会真诚地对待我们。"你对别人真诚，别人对你必定真诚；你对别人欺诈，别人对你必定隐瞒。真诚得人心，真诚意味着谅解、体贴、信任、爱护。真诚待人，不但能赢得友情和尊重，而且往往是加倍地赢得。真诚做人，在人生之路上会走得更远。

真诚为人，诚信是立世之根基

真诚是一种优秀的品德。然而，当今社会中，迫于激烈竞争带来的压力，人们普遍变得不再那么单纯和真诚了，但真诚是永远不会过时的。我们在生活中对人、对事都绝对离不开“真”。“真”是一种态度、一种精神，更是一种境界。人说话办事如果缺乏真挚的感情，开出的也只能是无果之花，虽然能欺骗别人的耳朵，却不能欺骗别人的心。真诚是做人的起点，也是做人的归宿。只有真诚，才能获得别人的尊重和信任，在复杂的人际交往中立于不败之地。

临近毕业时，哈佛毕业生邵亦波同时应聘两家美国最顶尖的咨询公司——麦肯锡与波士顿。去波士顿面试的那天，邵亦波没作什么准备，就信心十足地去了。因为他始终坚信展现最真实的自我才是最关键的。在面试中，他的一举手、一投足、一言一行都显得那样自信而又真诚。第一轮面试的几天后，波士顿咨询公司就给他寄去了录用通知书。与此同时，麦肯锡也决定聘用他。邵亦波最终选择了波士顿咨询公司。

邵亦波凭借他的能力和真诚从众多竞争者中脱颖而出，得到了人人羡慕的工作。

说到面试，邵亦波说：“我觉得最重要的是让对方了解真实的自己。没有人能够把自己修饰成另外一个人。你这样去做的话，一方面很容易被人看穿，另一方面，即使你得到这份工作，也很难做出成绩。”

在人际交往中，始终保持一种真诚的态度，会赢得别人对你的好感；反之，将会失去很多朋友。人们最讨厌那种虚伪傲慢的腔调、趾高气扬的神情。而真诚的态度、动听的语调，能给人一种心悦诚服的力量。美国总统林肯非常推崇真诚的品质。他说过：“一滴蜂蜜比一加仑的胆汁能够捕到更多的苍蝇。人也是如此，如果你想赢得人心，首先让他相信你是最真诚的朋友。”

马克·吐温是美国著名作家、演说家。虽然他不是很富裕，但为人真诚、幽默，颇受人们欢迎。

年轻时的马克·吐温曾深深被温柔、漂亮的姑娘莉薇所吸引，随着彼此了解的加深，他们真诚地相爱了。于是，马克·吐温去见莉薇的父亲，提出了自己想要娶莉薇的请求。

莉薇的父亲没有贸然答应马克·吐温的请求，他要求马克·吐温拿出材料来证明自己是个品行端正的人。马克·吐温从莉薇的家里出来后，就去办这件事。他想让莉薇的父亲了解真实的自己。

但马克·吐温没有去找那些欣赏他的人，而是找到5位平时对他不屑一顾的人，请他们每人分别写出一份证明材料。自然，这5个人的证明材料里都没什么好话，写满了嘲讽、批评之言。

马克·吐温深知这几份证明材料对自己求婚不利，可还是把它们毫无保留地亲手交给了莉薇的父亲。莉薇的父亲仔细看完了这些材料后陷入了沉思，过了好一会儿，他不解地问道：“他们都是些什么人？难道你连一个好朋友都没有吗？”马克·吐温没作任何辩解地回答说：“我只想让您了解真实的我自己。”

出乎意料的是，莉薇的父亲对他产生了好感：“我喜欢你的真诚，决定同意你和我的女儿结婚，因为真诚可以使一个人的缺点和错误变得值得原谅。”

莉薇的父亲没有看错人，真诚的马克·吐温也没有辜负莉薇一家人的信任。莉薇成为马克·吐温的妻子后，生活十分幸福、美满。

事隔多年，有一次岳父提及当年的求婚之事，问马克·吐温为什么要那样做。他微微一笑说：“知道了我的弱点，你就不会对我期望过高；从不高的期望中发现我的优点，你就会为没有选错我而高兴和自豪。我是在用真诚求爱。”

真诚的人表里如一，容易得到他人的好感与信任。在各种场合，我们都需要智慧，但绝不能缺少真诚。没有智慧，常常难以想到好的办法；没有真诚，往往就会失去人们的信任。真诚不是智慧，但它比智慧更管用。有许多凭智慧得不到的东西，靠真诚却能轻而易举地得到它。

真诚就像树木的根，如果没有根，那么树木也就没有生命了。真诚对于人而言，可以说是立身之本。真诚高于人性其他方面的一切品质。当你用得体的话语表达出真诚时，你就赢得了对方的信任，对方也就可能由信赖你这个人而喜欢你说的话，进而喜欢你的一切了。正如马克思所说，请交出真诚吧！因为真诚，我们才能取得别人的信赖和信任；因为真诚，我们才可以赢得人生。

一诺千金，一口唾沫一个钉

孔子说得好：人无信不立。即人没有信用就没有立足之地。一个人有信用就会有威信，你说话就有人信，当你遇到困难时就会有人乐意帮助你。反之，一个人如果总不讲信用，那么就得不到他人的信任，而当你遭遇困境、需要他人救援时，人们也会采取冷漠的态度对待。

在《伊索寓言》中，有这样一个故事：

一天，有只乌鸦被捕鸟夹夹住了。它无力脱身，就祈求阿波罗说："您如果能助我脱险，我将向您供奉贵重物品。"阿波罗设法解救了它，但它却把曾许下的愿丢到了脑后。不久，它又被捕鸟夹夹住了，这次它不敢求阿波罗了，只好向赫耳墨斯求助。赫耳墨斯对他说："你这坏东西，你一向背信弃义，我怎么还会相信你呢？"

这个故事告诉我们讲信用、不骗人的重要性。一个人一旦失信于人一次，下次别人就再也不愿意和他交往了。言而无信的人迟早是要倒霉的，即使人家不报复和惩罚你，你的信誉和人缘也必然会损失殆尽，你的各种机会也就没了。行骗最终是要付出惨重代价的，如果我们轻诺寡信，必将会落得一个可悲的下场。而诚信的人，也许并不需要具有多强的能力，却能得到很多人千万百计也得不到的东西，从而为自己的成功奠定基础。

信用是一种无形资产，良好的信誉可以给我们带来意想不到的好处。要知道，糟蹋自己的信用无异于在拿自己的人格作典当。有时候信用比一切更重要。恪守信用是人的美德，也是我们处理好人际关系、树立自己威信的方针。你一旦许下了什么诺言，就要恪守信誉，你的言行举止就要给人一种遵守诺言的印象，这种印象将使你受益匪浅。

遵守诺言，待人诚信，是影响他人、赢得信任的方略之一。我们要深刻认识到“一诺千金”的重要性。信守承诺，不仅是品格的体现，它也是一种回报率很高的长期投资。当你获得了一个守信用的形象时，会获得越来越多人的信任，因而会带来越来越多的机会。这时，意味着你的无形资产也在增加。

守信是一个人具备良好人品的表现，但它的形成不是一蹴而就的，而是在生活实践中慢慢形成的。这就提醒我们每一个人，平时一定要注意从小事做起，从一点一滴做起，逐渐加强做人责任感。身在职场，遇事一定要三思而后行，切不可轻易地许诺。对于已经许诺了的事，就应该认真地对待，努力地去实现它。当人一撒谎骗人就会在内心感到耻辱、不安、难为情时，他就会成为一个守信用、讲信义的人。

犯错就要负责，别为自己的行为找借口

人无完人，没有人会不犯错，可怕的并不是错误本身，而是知错不肯改过。在生活中，我们经常听到“这不是我的错”之类的话，我们甚至会看到一些人以抵赖、狡辩等方式推卸责任，或者为了推卸责任而寻找借口。这些都折射出其责任意识的缺乏。

一个人做错了一件事，最好的办法就是老老实实认错，而不是去为自己辩护和开脱。《菜根谭》中说：“辱行污名，不宜全推，引些归己，可以韬光养德。”意思是，不好的名声和错误，不可全推给他人，自己也要承担几分，这样才可以保全名声获得美德。

承认错误虽然是一件好事，但愿意承认错误的人终究很少。心理学家高伯特说：“人们只在不关痛痒的事情上才象征性地认错。”这话虽然说来不胜幽默，但到底是事实。许多人是明知有错而不愿承认错误，因为他们认为承认自己的错误是一件很丢脸的事情。面对指责，他们在竭力地辩解，而这些辩解反过来又加深了他们的自以为是，最终让人一事无成。

我们总难免会犯错误，如果你犯的是大错，那么此错想必已尽人皆知，你的狡辩只能让人对你心生嫌恶罢了。不认错和狡辩对自己的形象有强大的破坏性，因为不管你口才如何好，有多么狡猾，你逃避错误的行为换得的必是“敢做不敢当”之类的评语。之后，别人不敢信任你，于是抵制你，拒绝和你合作。而最重要的是，不敢承担错误会成为一种习惯，会使自己丧失面对错误、培养解决问题能力的机会。所以，不认错的弊大于利。

那么诚实认错呢？也许有人会说，诚实认错，那不是要立即付出代价，独吞苦果吗？有时候碰到没有担当的人，的确会如此，但绝大多数的人都会“高抬贵手”的。他们会想：人家都认错了，还要怎么样？事实上，能承认自己的错误的人，往往会得到别人的谅解。

美国总统肯尼迪在学生时代，曾因欺骗而被哈佛大学清退；当年在竞选美国参议员的时候，他的竞选对手在最关键的时候抓到了他的这一把柄。这类事件在政治上的威力是巨大的，竞选对手只要充分利用这个证据，就可以使肯尼迪诚实、正直的形象蒙上一层阴影，使他的政治前途黯淡无光。一般人面对这类事情的反应不外是极力否认，但肯尼迪很爽快地承认了自己的这一错误，他说：“这件事我做错了，我对于自己曾经犯下的错感到很抱歉，我没有什么可以辩驳的。”肯尼迪这么说，等于说“我已经放弃了所有的抵抗”，而对于一个已经放弃抵抗的人，谁还会跟他没完没了呢？

其实如果能坦诚面对自己的错误，再拿出足够的勇气去承认它，面对它，不仅能弥补错误所带来的不良后果，还能加深别人对你的良好印象，从而很痛快地原谅你的错误。

萨克是一家商贸公司的市场部经理。他在任职期间，曾犯了一个错误，他没经过仔细调查研究，就批复了一个职员为某公司生产3万件产品的报告。等产品生产出来准备报关时，公司才知道那个职员早已跳槽了，那批货到了站，自然也收不到货款。

萨克一时想不出补救对策，一个人在办公室里焦虑不安。这时老板走了进来，他的脸色非常难看，还没等老板开口质问，萨克就立刻坦诚地向他讲述了一切，并主动认错："这是我的失误，我一定会尽最大努力挽回损失。"

老板被萨克的坦诚和敢于承担责任的勇气打动了，答应了他的请求，并拨出一笔款让他外出考察一番。经过努力，萨克联系到了另一家客户。一个月后，这批货以比上次还高的价格转让了出去。萨克的行为得到了老板的嘉奖。

主动承认错误，本身就表现了你的勇气与责任感。对于自己的缺陷或者不足之处，首先就让对方了解，往往会收到意想不到的效果，会更能赢得对方的好感与信任。戴尔·卡耐基这样说过："即使傻瓜也会为自己的错误辩护，但能承认自己错误的人，更会获得他人的尊重，而且有一种高贵怡然的感觉。"

所以，当我们有理的时候，我们就要试着温和地使对方同意我们的看法；而当我们错了，就要迅速而诚恳地承认。因为敢于认错会给人以谦恭有礼、勇于负责任的好印象，收获也会比预期的高出许多。

品质第一，能力其次

在当今社会，衡量人的首要标准是什么呢？答案是“品格”。一个人成功与否，最终往往决定于他的品格。美好的品格，与每个人的事业息息相关，没有任何人可以在缺少它的情况下获得并保持住成功。甚至可以这么说，无论一个人有多么过人的天赋，如果他没有优秀的品格，就绝不可能把自己的潜能发挥到极致。

品格是一生最重要的资本。总结许多杰出人士走过的道路，我们会看到，他们成功的经历大多一致：那就是他们在年少时便养成了中以获得巨大成功的美德，为日后的大有作为打下了坚实的基础。林肯为什么能取得那么高的成就呢？因为他一生都保持着正直的品格。林肯做律师时，有人找他为一件诉讼中明显理亏的一方作辩护，林肯回答说，“我不能做。如果我这样做了，那么出庭陈词时，我内心将不知不觉地高喊：‘林肯，你是个说谎者，你是个说谎者。’”

无论我们从事何种职业，都不但要做出成绩，还要在做事的过程中培养自己高尚的品格。这样，自己职业生涯和生活才能有重大的意义。格力集团的总经理董明珠，在做中层管理者时，由于能力突出，被另一家竞争对手看上，要出百万年薪把她挖走。在巨大的诱惑和对公司的忠诚两者之间，董明珠毅然选择了后者。在她身上所体现出来的，就是忠诚。董明珠后来能成为格力集团的总经理，能力固然很重要，更源于她忠诚的品质。做人有品格，这是比金钱、权势更有价值的东西，也是一个人成功最可靠的资本。今天各界的成功人士，同时也以品格闻名，这其中的奥妙是不言自明的。品格让更多的人放心与你合作，也为你带来了更多的机会。

一天，一个美国商人不慎把一个皮包丢失在华盛顿的一家医院里。他焦急万分地连夜去找，因为皮包内不仅有10万美元，还有一份十分机密的市场信息。当他赶到那家医院时，他一眼就看到：在医院走廊尽头、靠墙根蹲着一个瘦弱女孩，她怀中紧紧抱着的正是他丢失的那个皮包。

这个女孩叫凯瑟琳，是来这家医院陪重病的妈妈治病的。她家里很穷，因为没有钱，明天她的妈妈就得被赶出医院。晚上，无能为力的凯瑟琳在医院的走廊里徘徊，突然，一个匆匆从楼上下来的人将腋下的一个皮包掉在地上，凯瑟琳走过去捡起了皮包，急忙追出门外，那人却上了一辆轿车扬长而去……

凯瑟琳回到病房，当她打开那个皮包时，她和妈妈被里面成沓的钞票惊呆了。那一刻，她们心里明白：用这些钱可以治好妈妈的病。妈妈却让凯瑟琳把皮包送回走廊等待失主回来取，因为她认为人不应该“贪图不义之财”。

找回皮包后，为了感谢这对母女，商人尽了最大的努力帮凯瑟琳的妈妈治病，但她最终还是离开了人世。之后，商人收养了凯瑟琳。凯瑟琳读完大学后成为了一个优秀的商业人才。

商人临危之际，留下一份令人惊奇的遗嘱：“是她们母女使我领悟到人生最大的资本是品行。凯瑟琳是我做人的楷模，有她在我身边，生意场上我会时刻铭记哪些该做，哪些不该做，什么钱该赚，什么钱不该赚。这就是我后来事业兴旺发达的根本原因。我死后，我的亿万资产全部留给凯瑟琳继承。”

以上的故事，告诉我们这样一个道理：品格是人生中最重要的资本，每个人都应该努力拥有美好的品格。一旦有了品格，就能得到他人的认同与尊重。

一旦丢弃了品格，那就等于丢弃了一切，即使这个人再有钱，也将得不到他人的认同与尊重，更不可能实现自己对幸福和成功的愿望。人可以以不同的方式追求成功，但绝不能靠投机取巧求名利，不能靠掺杂使假骗钱财，不能靠连跑带送谋官位，而必须靠高尚的品行立身做人。

英国作家詹姆斯·爱伦说得好：“具有好的思想品质的人，往往能够收获令人羡慕的结果；坏的思想从来都不会产生好的结果。一切都是公平的。”如果一个人具有至纯至真的品格，那么欢乐就将永远伴随着他；如果一个人内心藏有邪恶的思想，痛苦就会折磨他一生。

第8章　要圆通不要圆滑，溜须拍马无法获得真心

做人要圆通，遇事能灵活变通，拿捏有度，积极寻求解决之道。这应是人生修养的最高境界。但可悲的是，现代人圆滑者居多。圆滑是一种世故，滑头滑脑，四处讨好。过于圆滑者，好像一个八面玲珑、滚来滚去的“球”，很难在社会上长久立足。做人理应有自己不变的原则，把“方”和“圆”结合起来，才能左右逢源，无往不利。

做人要圆通，但不能圆滑

做人要“圆通”，但不能“圆滑”，圆通不是圆滑。圆通是一种智慧，是指做人能灵活变通，遇事思虑周详，积极寻求解决之道，不会总钻死牛角，能够知道该做什么不该做什么，而不是死板地为人处世，结果总是皆大欢喜。而圆滑是一种世故，是投机取巧。圆滑的人在做人做事方面不诚实、油滑狡诈、有投机心理，他们面对问题的态度是逃避，而不是面对、解决，总试图避开问题。

做人要圆通不要圆滑，一个通，一个滑，体现了两种做人的品质。圆通需要大智慧，看的是长远；圆滑惯用小聪明，图的是眼前。圆滑的人外圆内也圆，表面上看是对人一团和气，

实际上已丧失了原则立场。

周玄素是明太祖朱元璋的宫廷画师，他曾受命在宫殿墙壁上画一幅《天下江山图》。周玄素不敢画，也不敢不画，便说："臣不曾遍游九州，不敢下笔。请陛下先起草初创，臣然后进行润色。"朱元璋听他这么说，一时画兴大发，当即挥毫泼墨，不一会儿，草图就成了，朱元璋一面欣赏着，一面命周玄素："你现在可以为朕润色了。"周玄素谦恭地回答说："陛下山河已定，臣怎敢随意动摇？"朱元璋只得一笑作罢。

周玄素的圆滑，高在巧妙地推掉了很可能惹祸的任务，而又不得罪皇帝；先将朱元璋捧得龙心大悦，尽管知道他要滑头，也无法加罪于他。

也许有人会心存疑问，你看，圆滑乖巧的人这不是混得很好吗？这又如何解释呢？从本质上来说，人们对圆滑的人表面上认可，背地里却会不屑一顾地说"这人滑着哩"，这才是真实的评价。从长远来看，圆滑世故的人很少与人为敌，但是对事对人没有热情，通常奸险者多，以破坏别人的利益来满足自己的私欲。这样的人，通常可得到眼前的利益，最终却会让人看穿真面目，惹人生厌，遭人鄙夷。

圆滑的人只想设法逃避当前的问题，根本不想将之解决。圆通的人，处世智慧极高，善于利用"推、拖、拉"的短暂时间来充分思考，寻求此时、此地合理的行动方案，以便减少阻力，使大事化小，小事化了。做人必须圆通，唯有圆通才有方法方式可言。

南朝齐代有个著名的书画家叫王僧虔，他的书法造诣深厚，一手隶书写得如行云流水般飘逸。

当朝皇上齐高帝萧道成也是一个翰墨高手，经常在大臣面前显露才能。一天，萧道成提出要和王僧虔比试书法高低，于是君臣二人都认真地写了一幅字。写完后，萧道成居高临下地问王僧虔："你说，谁为第一，谁为第二？"

如果是一般的大臣，当然立即回答说"陛下第一"或"臣不如也"。但王僧虔却不愿贬低自己，明明自己的书法高于皇帝，为什么要作违心的回答呢？但他又不敢得罪皇帝，怎么办呢？王僧虔眼珠子一转，竟说出一句流传千古的绝妙答词："臣书，臣中第一；陛下书，帝中第一。"

他巧妙地把臣子与帝的书法比赛分为两组，即"臣组"和"帝组"，并对之加以评比，既给皇帝戴了一顶高帽子，说他的书法是"皇帝中的第一"，满足了皇帝的冠军欲，又维护了他自己的尊严和品格，使皇帝更敬重他的风骨，觉得他不是那种专门拍马屁的家伙。

果真，萧道成听了，哈哈大笑，也不再追问两人到底谁为第一了。

这个故事很有意思，它让我们领悟到了"圆通"的智慧。如果把王僧虔换成其他人，他们的说辞肯定不一样。他们也许会说："臣的书法怎么能跟陛下的书法相提并论呢？陛下的书法是龙腾深渊，臣的书法是蚯蚓爬泥；陛下的书法是天下独步，臣的书法简直是狗屎一堆！”这是逢迎讨好，是巴结谄媚，是别有用心的大献殷勤。王僧虔不愿这样说，他机智地选择了不得罪人的“圆通”。

做人要圆通，生存于世，打造良好的人际关系需要圆通，将事情办得顺心如意也离不开圆通。圆通是一种宽厚、融通，是大智若愚，是与人为善，是心智的高度健全和成熟。圆通的人不因自己比别人高明而盛气凌人，不因洞察别人的弱点而咄咄逼人，也不会因坚持自己的主张而让人感到压迫……圆通的人在圆滑中存有原则，在坚持中知道变通。

圆通，是一种做人哲学，需要阅历与智慧。要想圆通做人，需要有高素质、高悟性和技巧，这是做人的一种境界。只有学会圆通，才能在人际交往中游刃有余。

圆润处世，也要坚守原则和底线

人们常说：“没有规矩，不成方圆。”这个“规矩”就是讲做事要遵守法则，为人方正。做人要方，方指一个人有自己的道德原则和价值标准，不被人所左右。每个人做人做事的方法不同，但都离不开原则性。一个人如果什么事都没有主见，只会点头奉承，那不但会被认为生性圆滑，也得不到别人的尊敬。

东汉年间，有位叫戴就的管理仓库的小官，他是会稽郡太守成公浮的手下。成公浮为官清廉，不善奉承，因此得罪了刺史欧阳参。欧阳参就派了一个叫薛安的人前来收集太守“贪污”的证据，结果一无所获。为了置太守于死地，薛安就把戴就叫来，威胁他，试图让他做假证，戴就没有听从。薛安对他动用了酷刑，戴就仍掷地有声地怒喝：“成太守为官清廉，就是打死我，我也不会诬陷忠良！”薛安见戴就誓死不从，怕出了人命不好交代，只好放了他。后来，戴就凭着方正的品性，被推举为了孝廉。戴就的方正成就了自己的人生。只有心正，才能人正。方方正正做人，才能无愧于自己，无愧于他人。

但如果一个人过于方正，什么事都和别人硬碰硬，那不但会让人觉得过于好斗，也容易两败俱伤。从社会适应力的角度看，为人适当圆滑，是一种良好的交往能力的体现。在处理具体事情的时候，该坚持的事就应该坚定地表达自己的想法；可以妥协的事，应该能够设身处地理解他人，作出适当的妥协，做出最该做的事情。这样才能够在各个方面都适应得比较好，从而很快投入到全新的人际环境当中。

做人要方，但做事要圆。圆指一个人能够认清时务，机智应对，使自己进退自如，游刃有余。这个“圆”不是圆滑，而是圆通。这是一种宽厚，融会贯通，是一种大智若愚。圆通的人外圆内方，守原则而讲技巧，懂得用一些灵活方法来处理复杂的人际关系。圆是变化的一种形式，也是办事的时候一种必要的润滑剂。但原则不能没有，原则是一个人的根本，能做到圆而不滑，才是最佳做法。

宝华是某市教育局的人事科长，经常处于矛盾的包围之中，领导的话他不得不听，违心的事也要办，他的官当得苦不堪言。

在他极其苦恼时，一位智者提醒他，面对矛盾，你何不采取回避锋芒、不直接对抗的退让之法，这能使你得到解脱！宝华茅塞顿开。

一次，一位郭副局长让他想办法将自费毕业的侄子安插到某中学去，这让宝华很为难，因为一旦出现问题，承担责任的是他，而非这位局长。这时他想起了智者之言。于是，宝华对郭局长说："好，我会尽心为您办这件事的，请让你的侄子把他的毕业证、档案材料给我送过来。"

郭局长的侄子来了，但只有档案材料，没有毕业证，因为他虽读完了两年学制，但学业不精，自学考试没完全通过，宝华让他先回去等候通知。

过了几天，郭局长又过问这件事情，宝华先说了说他侄子的情况，随后说道：

"郭局长，你说话管用，你给那所学校的校长谈谈，只要他们接收，我这就把关系给开过去。"

郭局长从宝华的话里显然已听出了弦外之音，只好说：

“那就先放放再说吧。”

宝华对这位局长没有采取直接对抗的方法，而是欲擒故纵、回避锋芒，达到了保护自身的目的。办事要圆顺些，你有什么想法，都不要硬来蛮干，而要多动脑子多想办法，多迂回几次，这样最终会取得较为理想的结果。

做人应掌握一种外圆内方的处事技巧。该圆就圆，该方就方，方到什么程度，圆到什么程度，都要恰到好处。在日常工作中，对不同类型的人采取不同的策略，才能建立良好的人际关系；人际交往中要保持适度的弹性，把握好分寸，学会机智应对；面对想要干的事，既要执着，又要学会变通，才能兼顾各方的利益，避免伤害他人，让自己长久立足。

方为做人之本，是以不变应万变；圆为处世之道，是以万变应不变。只圆不方，就好像是一个滚来滚去的“球”，很难在社会上立足；只方不圆，为人处世只是坚守一些规矩和原则，不知变通，缺少灵活，则容易把局面搞僵，把事情办砸。只有把“方”和“圆”结合起来，才能左右逢源，无往不利。

善良为人，但不要做“好好先生”

从小我们总是受到这样的教导：要做好人，不能太自私，要多为别人着想。这种教育方式听起来似乎没什么问题，但是随着岁月的流逝，我们会发现，凡是具备这种思考方式的人，往往都会成为所谓的“老好人”。

在生活中，我们经常会遇到很多“老好人”。他们对朋友无微不至、对同事有求必应，他们总是把别人的需要摆在第一位，哪怕自己受苦受累受伤害也不愿对别人说“不”。他们把“多栽花，少栽刺”作为行事准则，面对别人的缺点、错误，不是诚心诚意地提出来，而是能捂则捂，能盖则盖，谁也不得罪。这种老好人奉行“是非面前不开口，遇到矛盾绕道走”的明哲保身的处世哲学，常常遇见问题不吭声，开展批评不较真，热衷于“你好我好大家好”。这样做看起来似乎把大家的关系搞亲密了，但仔细回味却发现实则是把人际关系搞庸俗了，搞坏了。

我们或许都还记得这样一个小品：一个人因怕被人看不起，为了想证明自己有能力，他总是对别人说自己能搞到火车票，他对人有求必应，经常随便答应别人，而他其实没有熟人，只好自己半夜三更去排队买票。结果托他买票的人越来越多，他把自己逼进了死胡同，有时不得不自己贴钱买高价票，更别说抱着被子上火车站一待就是一夜的痛苦了。这就是一味做“老好人”带来的烦恼。

看来，老好人做不得，存好心往往做坏事，好事做不成，还让自己遭遇“里外不是人”的尴尬。而且老好人的心理状况和生活状况往往都不尽如人意，甚至悲惨。

“老好人”表面上处处讨好，与人为善，实际上却是损原则保情面、损公益保私利、损他人保自己，与真正的好人动机不同，完全是两码事。“老好人”乐于助人、待人厚道值得肯定，但这种消极的做人原则和处世态度却不应提倡。因为他们没有明确的是非荣辱界限，而是处处想“做好人”。这样做不但自觉不自觉地把自己变成了“老好人”，而且，也违背了自己做好人的初衷。

老好人会用表面的一团和气害了自己，连带他人。因为好心而处处顺从、迁就他人的人，更有可能成为裁员的首要目标。

刘炎是公司里出了名的“老好人”。刚进公司，他总是小心“侍候”，每逢休假日值班，只要谁说有什么事儿，他都马上答应帮忙。工作期间，他总是早早就到了，收拾台面，打扫办公室，只要谁说一句“没吃早餐好饿呀，有没有什么东西填肚子”，他就赶紧拿出自己买的食物，送到他们手上；炎炎夏日，他还经常买些冰镇可乐带给大家喝；别人说好，他就说好，别人说坏，他就不作声，默默隐匿在大家之中……久而久之他成了大家公认的“大好人”、老板视而不见的隐形人。

但随着工作的渐渐增多，他没有再像以前一样做“老好人”，于是，指责和抱怨也就接二连三地来了，有的还当着他的面数落：“摆什么架子嘛？帮我把这份材料送一下！”“嗨，去仓库帮忙领一包打印纸过来，我们等着用呢！”碍于情面，他最后还是做了。

后来，由于公司不景气，不得不裁员，刘炎当即被裁掉了。

我们应该做好人，不应该做“老好人”。好人会真正地负起责任，不怕得罪人，这样才能为公司作贡献，帮助他人，让自己真正受益。老好人却会因为表面的一团和气最终害了自己。

与人为善并没有错，但如果费尽心力只想讨得周围每个人的认可，为此甚至牺牲了自己的时间和精力来取悦他人，就不能认为这人仅仅只是个热衷于让别人快乐、为别人做事的好人了。

这样的“好”实质上是对拒绝、冲突、批评、愤怒等消极情感的深深畏惧，也许你尽力避免得罪他人引起敌意，因此只考虑他人而忽略了自己，而友善无私的背后通常是恐惧、自责、缺乏安全感、被孤立、被利用的愤怒和焦虑等。

既然“老好人”活得这么累，那就别总当老好人了。不当老好人，仍然会有人喜欢你；不当老好人，一样可以赢得尊重。最重要的是，不当“老好人”，要当是非分明、热心助人的好人！

溜须拍马，只会让人生厌

如果一个人懂得礼让领导，知道安抚下属，把上头的人哄得开心，把手下的人弄得顺服，通常，我们说此人很圆滑。圆滑的人不惜牺牲尊严，对上一套对下又一套，对下欺骗压迫，向上奉承讨好。过于圆滑的人为了某种利益和目的不惜八面讨好，不惜左右逢“圆”。但这种“圆”的背后是虚伪和丑恶。历史上大家所说的小人即是这种很会“拍马屁”的形象。

一说到“拍马屁”，很多人就会心生厌恶，眼前立刻就会浮现出这样的景象：溜须逢迎，点头哈腰，一副奴才相。人们之所以对“马屁精”甚为不屑，是因为人们认为拍马屁是龌龊之极的事。

《史记》记载：汉文帝时，有一个没有什么才能但很会奉迎的人，叫邓通。此人与文帝私交甚密，权势极盛时，文帝把严道的铜山赐给他，特许他自铸铜钱。

一次，文帝生疮，邓通为表达自己对文帝的忠心，竟然用嘴去吸吮脓血。这令文帝非常感动，他把太子叫来，让他效仿邓通。太子说什么也不肯，惹得文帝很不高兴。太子对邓通的做法十分厌恶，对他让自己在父亲面前难堪怀恨在心。

文帝去世后，太子继位，是为景帝。时间不长，景帝随便找了个错，将邓通革职了，邓通无奈地回了老家。事情到此仍不算完，事过不久，有人告发邓通偷偷在边境铸钱，经审查属实，邓通被没收了全部家产，最后在抑郁中死去。

邓通吮疮，从医学上讲是医盲，是无知；从政治学上讲是奉迎，是拍马屁。这奉迎之事看上去是两人你情我愿的私事，但其实，肯定会碍着别人，让人不自在，想不为旁人记恨几乎不可能。奉迎者，多无真才实学；奉迎后，往往会得到过分的赏赐。这样的结果，真才鄙视，庸才嫉妒，结果，奉迎者成了孤家寡人，容易不得善终。

惯于谄媚奉迎的人，待人接物显得非常“热情”，口中充满了“溢美”之辞，然而你只要仔细观察，就会发现这类“热情”中不乏虚伪的成分。这类人，嘴比蜜糖还甜，却怀揣一种肮脏的心理，设置一些圈套让一些不谙世事的人往里钻，甚至坑了人还要让对方说一些感激涕零的话。生活中不乏这类人，他们常常是“见人说人话，见鬼说鬼话”。人们对这些人是既羡慕他们的这种能力，同时又讨厌他们的油滑。

苗女士在某单位做行政工作，她嘴巴很甜，颇有些人缘，但最近，这位甜嘴巴的苗女士却遭到了一位领导的摒弃。

她的领导非常爱打扮，又很会搭配衣服，稍一动手，就能变换出很多新衣服。因此每天早上一到公司，苗女士那种令人不舒服的赞美声就涌入耳中：“哇噻，经理！又买了一套新衣服，对不对？颜色好漂亮喔！穿在您身上就是不一样。”隔天一见面，又来了：“看看看！又一套，很贵吧？还有项链、耳环，也是新的吧？我就缺这个本事，不像您如此会打扮。”不仅如此，苗女士还当着客户“恭维”领导，说辞几乎都是：“在我们经理的英明领导下，我才有今天的成绩……”

领导终于被苗女士的过分恭维弄烦了，只好告诉她：“不是你没看过的就是新衣服，我的衣服有的已经穿了五六年啦，只是保养得好，配来配去就不一样了而已！你一嚷嚷，人家还以为我多浪费呢！以后请别再说我的衣服啦！”

可见，这位苗女士对领导的赞美就很不得法。首先，内容千篇一律、毫无新意；其次，她的赞美给人的感觉是不真诚。触犯了这两条大忌，她的领导自然不会喜欢。

每个人都喜欢被人夸奖、欣赏和赞美，夸奖是一门艺术。当然，我们还应将“夸奖”和“拍马屁”区别开来。夸奖可以使别人开心、自己快乐，而“马屁功夫”则是阿谀奉承的庸俗手段。在赞美他人时适当地夸张一点能够有利于表达自己的感情，对方也乐于接受，但过分地夸张就有阿谀奉承、溜须逢迎之嫌。言不由衷或言过其实，对方都会怀疑赞扬者的真实目的。

事实上，真正的“拍马屁”也是一门学问，既要做到语言平淡，句句说到对方的心坎上，又要做到恭维适度。恭维适度才是善言。如果错误地把恭维当作善言，不分对象、不分时机、不分尺度，总是千方百计、搜肠刮肚找出一大堆的好话、赞词，甚至把阿谀当作善言，那么得到的回报就常常会事与愿违。

曲意讨好，也只会换来虚情假意

著名学者曾仕强这样说：“中国人喜欢和谐而不是讨好，喜欢看开而不是看破，喜欢圆通而不是圆滑。”他的这番话实在精妙，指明了中国人的本质所在。

世故者在处理各种人际关系时，老想着讨好、迁就身边人，这样会活得没有自我，活得太累。既想讨好每一个人，又想不得罪每一个人，这是绝对不可能的，也是没有必要的。讨好每一个人，容易吃力不讨好。刻意去讨好别人，只会使别人产生厌恶。这是没什么能力的人干的事，因为他们除了这个不会干别的。

《吕氏春秋》中记载着这样一个故事：

一天，连下了几天暴雨，河水大涨，郑国有个富翁被淹死了。有个人将尸首打捞上来，富翁家里的人要买回尸首，可是捞尸首的人开了很高的价钱。富翁家的人便去请当时的智者邓析想办法。

邓析说：“别担心！我去说和一下，不让那人把尸首卖给别人。”

这样一来，捞尸首的人着急了，也去请邓析想办法。

邓析又对他说：“放心吧！他家再没有别的地方能买到，一定会跟你买回这尸首的。”

上例中邓析的做法，你很难指出他真正错在哪儿，但他的所作所为又让人有种说不出的不舒服感觉，这是他最令人讨厌的地方。这种令人不舒服的感觉，来自于他的圆滑。圆滑的人，目的是谁也不得罪，但谁也不得罪，到最后很有可能就是得罪了每一个人。圆滑的人或许可以讨好一时，但不可能愚弄长久，末了终会为人唾弃。

人们大都不喜欢“两面派”，不喜欢模棱两可的语言。人间自有公道，黑就是黑，白就是白，试图颠倒黑白、模棱两可的人，只能偷偷地在夜间行动了，因为没脸见人呐！

曾听说过这么一件事：一天，有两个房地产项目研讨会分别在两个不同的地点举办。上午，业界资深专家老胡为市区高档住宅项目捧场，他侃侃而谈，“现在是讲求住宅科技的时代，地热采暖、新风系统……这样的节能环保、有科技含量的房子才是真正的好房子，其他所谓拥有高绿化率、贴近自然的房子都是经不住时间考验的。”

下午，老胡又出现在一个位于郊区的房地产项目研讨会上，他慷慨陈词，“什么高科技住宅，什么节能环保……这些都是哄人的把戏。真正能体现房子品质的是，高绿化率、低容积率（建筑面积与占地面积之比）、亲近自然的房子。”看看，这位专家老胡是多么善变啊，真让人搞不清楚这背后是什么在作弄！

身处社会的人，一般的人情世故要知道，但是也没必要总是刻意讨好别人。做事的方式有很多种，做人理应有自己不变的原则，所谓的圆滑世故都只能谋一时的小利，不是大智慧，一贯如此是不明智的。

世故者投人所好，八面玲珑，采取随风倒的处世方法，见什么人说什么话。就如有人所刻画的那样：当世故者同多愁善感的人交往，便把自己打扮成多愁善感的人，说话时，眼睛里有时还会泪光闪闪；转身同性格多疑的人交际，他又会装起深沉来，显得老谋深算、久经风霜，把那些正直的举动说成“简单”和“幼稚”；而同率直开朗的人谈话时，他又会马上变得嫉恶如仇，好打抱不平，为朋友可以两肋插刀。“逢人迎合不吃亏”是这种世故者的信条。然而，做人想八方迎合、面面俱到是绝对不可能的。在各种社交场合，我们不可能顾及到每一个人的面子和利益，你认为顾到了，别人却不一定这么认为，甚至有的人根本不领情。另外，不同的人对相同一件事的感受和看法都有所不同，你让这个人满意，就会令那个人不满意。

亲近别人要自然，“讨好”心态要改变。有讨好的时间，不如脚踏实地地学点真本事，真心实意地交些真朋友。有自己的一技之长，能够洞悉世事，把握住关键和本质，那么就不用处处迎合。仁慈宽厚、始终如一地对待他人，才能赢得长久的友谊与信任。

第9章　率真为人，知世故而不世故才是最成熟的善良

成熟是智慧做人的重要标志，世故只能把人生引入歧途。成熟的人，不怨天尤人，不媚俗媚上，做人堂堂正正，处世不卑不亢。成熟不是世故。世故是一种变态，是一种很不好的习惯势力，而成熟则是长期修炼的结果，是一种人生独特的美。世故在人际交往中给人留下的印象是不可信、不可靠和不可近。所以做人要成熟，但不要世故。

低调做人，高调做事

著名美学家朱光潜曾说过：“以出世的心态，做入世的事情。”指的是用出世的态度或精神，来做入世的事业。这话让人信服，它其实是用极简单的语言，说出了人生极复杂的道理。

“入世”就是把现实生活中的利害、得失、恩怨、情仇、成败、对错等作为做人做事的基本准则。做事谋生，积极主动，用有限的人生追求无限的成就。当一个人入世太深，陷入繁琐的事物之中，把实际利益看得过重，难以超脱出来冷静全面地看问题时，就需要有点出世的精神。

“出世”就是做人不能太拘泥于现实、太苛求利益，要以

平和的心态对人对事，既要全力以赴，又要顺其自然。站得高一点，看得远一点，对有些东西看得淡一些，这样才能排除私心杂念。以这种出世的精神去做入世的事业，就会事半功倍。我们活在现实中，要生存，要讲入世，但我们精神上要出世，保持内心的平静。

正泰集团股份有限公司董事长南存辉常说一句话："以出世的态度，做入世的事情。"

在创业的二十多年中，正泰一直一心一意做电器。对此，有人质疑南存辉是否保守了一些，放弃了很多快速扩张的机会，丢掉了许多亿的收入。对此，南存辉不为所动，还提醒人们要经得住诱惑，耐得住寂寞。这种时候，他会告诫大家："世上值得投资的东西太多了，但人的精力是有限的，我们应该集中精力做最重要的事情！"

南存辉的这番话，可理解为做人要超然一些，做事积极一些。

人都有欲望，渴求官职、名望、金钱、美色、豪宅、名车，总之无外乎名利二字。所以做人首先要有出世的心态，有了出世的心态，知道人生的一切不过是过眼烟云，就会把身外之物看淡，豁达、潇洒，了无牵挂。这样容易心态平和，自然也就能有所成就，找到快乐。

但如果只停留在这一层面上，那就未免有点"消极"了。只讲"出世"而不讲"入世"，则对人生的体悟还说不上全面深刻。从另一方面看，只是一味地出世，一味地冷眼旁观，而不想去做一点实际的、入世的事情，到头来只能是空耗日月。所以还要入世，尽自己的能力做事，尽最大的努力去做好，不仅仅是为自己，更重要的是为他人。

“以出世的态度，做入世的事情”，告诉我们应放下心中的杂思妄想，珍惜时光，积极主动地把眼前的每一件事都看成大事，扎扎实实地把它做好。在世俗中应尽自己最大的努力，不以权力、财富、名望为追求目标，而讲求修身、养德、济世，用来成就自己，造福他人。

世事纷纭，易生浮躁，我们要以超然的心态做事谋生。跳出自我，超越自我，才能更好地看清自我，以出世的心态做入世的事。我们应在“出世”和“入世”之间保持平衡，让事业、家庭、个人修为之间达到和谐，这样即使不能大成，也会收获快乐人生。

要成熟而不要世故

成熟的人容易收获成功人生，世故只能把人生引入歧途。世故的人容易给人留下不可信、不可靠和不可近的印象，难以建立好的人际关系。所以，我们应该努力追求成熟，但一定要懂得成熟不等于世故。

世故的人，人情练达，圆滑机巧，他们身上缺少的是真诚质朴，多的是虚伪矫情，浑身散发着世俗气。世故者一向采取滑头主义和混世主义态度，专搞中庸，惯于骑墙。他们和人可以谈天说地，但只是摆现象，不下结论，迫不得已时也只说些大家早已公认的结论；遇到原则问题需要辨明时，则尽说些模棱两可、怎么说都有理的话。世故者往往不动声色地冷眼旁观一些事情，不惹是非，明哲保身。

世故是现实存在的，有其存在的土壤和必然性。世故者看到社会的阴暗面时，他们无法透过现象看本质，分不清主流和支流，往往被阴暗面所吓倒。他们冷眼观世，觉得人生残酷、社会黑暗，对事对人睁一只眼闭一只眼。这不是成熟，应该叫作世故。

世故是一种变态，是一种很不好的习惯势力，而成熟则是人修炼的结果，是一种人生独特的美。一个成熟的人懂得换位思考，乐于退让，遇到一切不顺心的事、讨厌的人，都能从容应对，不伤和气又不失立场，这才是成熟。“成熟与世故并不是画等号的。”央视主播康辉在厦大演讲时，告诫同学们说，“希望当代年轻人在越来越成熟的过程中，远离世故。”康辉认为：“成熟是用一种依然干净和清澈的眼光看待世界，而世故是完全站在自身利害的角度去看待人和事，去作判断，而这样，一个人的眼睛慢慢地会变得越来越浑浊，看待这个世界也会越来越浑浊。”

做人应成熟而不世故。看到社会或人生的阴暗面时，不被阴暗面所吓倒，表面上沉静而内心却有一腔热血。成熟的人，不怨天尤人，不媚俗媚上，不人云亦云；做人堂堂正正，光明磊落，处世不卑不亢，淡定自若。成熟者遇事头脑冷静，坚持原则，有主见，自己该干什么就干什么。成熟者对事敢于发表自己的意见，敢作敢当，往往小事糊涂，大事清楚。

“二战”时的盟军总参谋长、美国人马歇尔是一个“国际组织者”，他之所以能胜任这个工作，很大程度上是因为他的不偏私。从马歇尔的一生可以看出，正直无私、恪尽职守的精神一直是他不竭的动力源泉。

艾伦是马歇尔的小儿子，他在北非服役时，马歇尔特地给当地长官打招呼，不要因为他的关系而给艾伦以任何照顾。妻子凯瑟琳抱怨说：“这对他不公平！”马歇尔解释说：“这没有办法，我不能让人们怀疑参谋长为自己的儿子谋取任何好处。”

1944年5月29日，在一个名叫韦莱特里的村庄，艾伦不幸被一名德国狙击手击中身亡。在儿子的追悼会上，马歇尔只能握着儿媳妇的手老泪横流……

马歇尔的长子克里夫顿也在北非服役，他原本就有脚病，因此想请假回国治病，并乘机调至意大利。马歇尔闻讯后大怒，立即给驻阿尔及利亚的斯特耶将军去信说：“他在那里工作，不可擅自回国，否则会给国家造成很大压力，我决不能为自己的亲人开后门。”

克里夫顿的事就这样被卡住了。

成熟者由于对社会、人生充满信心，因此他们的处世态度是以改造社会为前提。生活历练中，我们应让自己有一双会分辨的眼睛，并坚持自己应该坚持的东西，不媚俗，不盲从。只有保持自己真诚的底色，才能在鱼龙混杂的社会中，拥有一颗不会随波逐流的心，才能守住自己内心的坚守。

我们为人应有所坚持，行事要坦荡，深谙现实的微妙却不为之流逝自己内心真诚的东西。即明了世俗却不会融入世俗，知世故而不世故，依然真诚，依然热情，依然相信爱情，依然可以为爱而疯狂……要想长久立足于世，就得要成熟而不要世故。

成熟之人，依然内心率真

长大成人后，我们总算摆脱了父母的庇护，开始独自面对生活。社会生活远比学校课堂复杂得多，许多人从一个个教训中走了出来，开始学会了掩饰，不再随便地表露自己的感情。于是有些人认为，纯真就是笨就是傻。他们再也不将稚气写在脸上，放在心里，认为那是愚蠢的，更是无聊的行为。他们开始变得胸有城府。

纯真与城府是矛盾的吗？其实并不矛盾。它们各自有适合各自的场合。有城府并不意味着失去了纯真的权利。如果一个人在所有场合中都保持着一份警惕，那这个人肯定会遭人摈弃。世事、人事太复杂，我们都喜欢和成熟的人交道，这是因为成熟的人底色是纯真的，有待人处事的原则，待人真诚可信。最成熟的人，能够将一切尽收眼底，取精华，去繁复，遇事沉着冷静，更为重要的是，他们还能在这种坦然与冷静下，保持天真和单纯的心态。

其实，做人成熟与否，不在年龄大小，不在阅历深浅，全在于自己内心的修炼。有的人白发苍苍也不见得成熟，过了一辈子也是稀里糊涂，岁月更迭却没有让他拥有一颗成熟的心。有的人年纪尚轻，做事却有条不紊、从容大度，懂得找到位置和分寸。在太多的时候，做人不妨纯一些、真一些，多一份纯真，少一些世故。

1928年，沈从文被当时任中国公学校长的胡适聘为该校讲师。当时沈从文才26岁，学历只是小学文化，闯入繁华的上海时间不长，即以一手灵气飘逸的散文而震惊文坛，颇有名气。

但是，名气不是胆气，在他第一次走上讲台的时候，面对台下的一个个渴求知识的学子，他竟整整呆了10分钟，一句话也说不出来。后来开始讲课了，而原先准备好的要讲授一个课时的内容，被他三下五除二地10分钟就讲完了！这时离下课时间还早呢，但他没有天南海北地瞎扯来硬撑“面子”，而是老老实实拿起粉笔在黑板上写道："今天是我第一次上课，人很多，我害怕了。"这引得全堂爆发出一阵善意的欢笑……胡适知道后，评价这次讲课时，认为沈从文的坦言与直率是"成功"了。

在日复一日的世俗生活中，我们开始慢慢地失去纯真，也很难找到快乐的感觉。其实，如果想要获得快乐，那就绝对不能让自己失去纯真。纯真就是诚实无欺地对待每一件事、每一个人，做一个真挚纯粹的人。人只要有一颗纯真的心，精神面貌就一定很有朝气，为人处世也会很平和。

金雅琴是位老演员，演了一辈子戏，让人印象深刻的却不多。84岁时，她在《我们俩》中扮演一位刁钻古怪的老太太，把房子租给一个年轻的女孩子。她和女孩子由开始的敌视变得像祖孙一般，非常感人，让人几次落泪。金雅琴因此获得了第14届中国电影金鸡奖最佳女主角，在之后的东京国际电影节上，她再获殊荣，仍然是最佳女主角。

金雅琴拍《我们俩》很难，当时她的耳朵听不到，眼睛也看不清，什么时候开拍她甚至也不知道，于是她就让导演举一面小红旗，红旗一落下就开始演，片子一点点地拍出来了。这部戏之后，她才被人熟知并且欣赏。

当记者去采访她的时候，她幽默地说："演了《我们俩》才知道怎么演戏，也许我真正的演员生涯从80岁以后才开始。"

生老病死的人生历程，任何人都无法改变。我们留不住岁月，留不住青春，鱼尾纹终将爬上额头，银丝白发终将代替满头青丝。但是，我们可以保持纯真的心态，只要有梦想，有热情，心就永远不会衰老。

每个人在成长的路上都注定有所失、有所得。奔波在世俗之间，有的人有了世故的脸，有了成熟的谨慎，却也逐渐迷失了自我。这时，我们宁愿在走向成熟时，留一份纯真在心里。纯真绝不是幼稚的同义词。留一份纯真，就会多一份快乐，少一份烦恼；留一份纯真，就会多一份胆魄，少一份彷徨。纯真是一种心态，是值得好好修炼的。

一个人涉世越深，越容易受到世俗恶习的污染，原本纯真的心往往会变颜色，且身陷世故泥淖而无力自拔。只有那些真诚坦率、心存纯真的人，才能不被世俗所染，并保持其本色。任时光飞逝，在走向成熟的路上，请别忘记：永远保留一份纯真！

完美主义者，无法获得简单纯真的快乐

俗话说：金无足赤，人无完人。在向他人介绍自己时，把自己说得过于完美，反而会引起对方的不信任。倒不如坦率地承认自己的弱点，让对方更加全面地了解自己，这样他人会觉

得你更加真实可信。

人越成熟，越显得完美，这是一件好事情。庄稼成熟了才能收割，果实成熟了才有味道。人也是这样，成熟的人看上去稳重，说话办事有板有眼，容易给人一种完美无缺的感觉。但是。一个人如果过于成熟、毫无缺点，容易遭人嫉恨，会被人敬而远之。

美国有位心理学教授曾做过一个实验：他把四段情节类似的访谈录像放给接受测试的对象观看。

在第一段录像中，接受访谈的是个非常优秀的成功人士。他在接受主持人采访时，表现得非常成熟、稳重，没有一点羞涩的表情，他的精彩表现，不时地赢得台下观众的阵阵掌声。

在第二段录像中，接受访谈的也是个非常优秀的成功人士。他在台上的表现略有些羞涩，在主持人向观众介绍他所取得的成就时，他表现得非常紧张，竟把桌上的咖啡杯碰倒了，咖啡还将主持人的裤子淋湿了。

在第三段录像中，接受主持人访谈的是个非常普通的人。整个采访过程中，他虽然不太紧张，但也没有什么吸引人的发言，一点也不出彩。

在第四段录像中，接受访谈的也是个很普通的人。在采访的过程中，他表现得非常紧张，和第二段录像中一样，他也把身边的咖啡杯弄倒了，淋湿了主持人的衣服。

当教授向他的测试对象放完这四段录像后，让他们从上面的这四个人中选出一位他们最喜欢的，选出一位他们最不喜欢的。

测试的结果是，最不受测试者们喜欢的当然是第四段录像中的那个人了，几乎所有的被测试者都选择了他；可出乎人们意料的是，测试者们最喜欢的不是第一段录像中的那位成功人士，而是第二段录像中打翻了咖啡杯的那位，有95%的测试者选择了他。

这一实验有力地告诉我们：有点缺点比完美无瑕更令人喜爱。对于那些非常优秀的人来说，一些微小的失误比如打翻咖啡杯这样的细节，不仅不会影响人们对他的好感，相反，还会让人们感觉到他很真诚，值得信任。

这就不难理解为什么在朋友圈中，最有才华的人往往不是最受欢迎的人了。也就是说，我们每个人喜欢有才华的人都是有一定的限度的。当一个人的才华与我们相差很大，让我们感到遥不可及的时候，这种差距就会变成一种心理压力，促使我们敬而远之。因为与这些人交往总是衬托出我们自己的无能和低劣。而当人偶尔犯错误的时候，他的吸引力会增强，因为这使他更接近于普通人，与我们的距离变近了。

为人处世中，要使别人对你放松警惕，产生亲近感，你需要巧妙地、不露痕迹地在他人面前暴露某些无关痛痒的缺点，出点小洋相，表明自己并不是一个高高在上、十全十美的人物，这样就会使人在与你交往时松一口气，不以你为敌。

所谓“自我暴露”，就是把自己私人性的方面显示给他人，或者把有关自我的内层信息传给对方，让别人最大限度地了解自己。在生活中，自我暴露是非常必要的，不善于暴露、不能恰如其分自我暴露弱点的人必然会遭遇各种各样的障碍。“自我暴露会让别人喜欢你”，美国社会心理学家西迪尼·朱亚德通过一系列实践得出了这个结论。

一次，有位记者在采访世界垒球王史蒂夫·加夫时，突然提问说：“你哭过吗？”这位记者在众目睽睽之下提这个问题，是很有点儿想探知对方更多内心隐秘的意思，但似乎也有些触犯个人隐私。那么，史蒂夫·加夫如何回答呢？他坦诚地回答说：“哭过，我觉得在某种场合掉眼泪更像个男子汉，因为这表现了你是个实实在在的人。”如此坦率地将自己的私人信息暴露于众，结果如何呢？观众们更加喜欢这个实实在在的球王了。

在职场，一定要有缺点，这样会使他人更愿意接近你。所以聪明人会故意暴露些缺点，尤其是无关痛痒的缺点，让人觉得你有亲切感，反而会使人愿意和你进一步交往。但缺点绝不可致命，不能是你真正的短处，只可以是无关痛痒的小缺点、小毛病，让人想和你套近乎有余，想以此要挟则没门。

工于心计，只会让他人远离你

通常，当某个人在为人处事方面很有心机时，我们就说这个人很有“城府”。城府是指令人难以揣测的深远用心。城府深浅标志着一个人在处理人际关系时的心机的多少。通常我们说一个人城府很深时，含有一种褒义，指这人有心机谋略，思想深邃，且不会随便吐露。

三国时，孙刘决心联合抗曹。诸葛亮受刘备委托，到东吴与大将周瑜共商计策。面对曹军的大兵压境，二人都不愿先说出抗曹之计，最后同时伸出一只手，手心同时写着一个“火”字，正所谓英雄所见略同，二人不禁相视大笑。诸葛亮和周瑜都城府颇深，不相上下。

人对事物的感悟、体察、了解，有时不愿说出来，在外人眼里，就表现为一种城府。城府深的人，往往对人世的变幻和世事的难测有较深的理解。城府是每个人都有的，只不过有的人多一点，有的人少一点罢了。做人要有城府的目的，不是用心机去算计别人，而是要用心机保护自己，以防被他人算计。一个心机过重的人，只要认为对自己有利就会毫无顾忌地对他人使手段。算计别人的人，肯定也会被别人所算计。

提到城府深、老于世故的人，我们大多都能想起金庸的《笑傲江湖》中那表面温良、恭敬谦让的岳不群，他起初总给人留下谦谦君子的印象。可是尽管他费尽了心力，善于伪装，到了最后，却落了个众叛亲离、人人喊打的下场，与之前的君子形象形成强烈的反差，真是绝大的讽刺。

心机过重的人，是不诚实的，他们总是防着别人，所以总想用谎言来掩饰自己的本意。心机过重的人，会利用一切可利用的因素，向人们展示他的伪善，而事实上他们总是怀有另一种目的和阴谋。心机过重的人，是狡猾的，他们对任何事情都有着高明的手段，所以总是想牺牲他人的利益而成全自己。可是，尽管心机过重的人不缺少机智，但是狐狸的尾巴总有露出的一天，他们迟早会被人戳穿假面目，不会有任何好下场。

做人不能没有心机，但心机过重则是人生的一种疾病。心机过重的人在交往中被人们认为太有城府。其实，这恰恰是没有心机的表现。他们让人不可靠近，不愿意靠近，造成了人际关系的冷漠。

做人需要城府，成熟的人懂得把握分寸，凡事总能恰到好处。但是，太过成熟了，也未必是件好事，譬如瓜果，熟过了头，味道也就变了。成熟是瓜熟蒂落，味醇而香甜；世故则是熟过头的瓜，变了味道，让人难以下咽。做人太过熟了，就会心机太重，城府太深，老谋深算，叫人捉摸不透，难以相处。

纪晓是某公司里的职员，他聪明过人，心眼活络，但很多人都说他这个人不好，太有心机，让人琢磨不透。为此，上级领导曾和他有过一番交谈，领导告诉他：人有些心机本身是好事情，问题在于你让大家都意识到了你的不真诚；而你原本的想法是达到一个好的目的，使自己成为一个让人喜欢、信任的人，但是显然你的目的没有达到，这就说明你的心机反而拖了你的后腿。

纪晓仔细琢磨透了领导的这番话，并改变了自己。他现在已经成为了一名优秀的公关经理，能妥当得体地处理各种关系，同时不会让人觉得过于世故。他正渐渐从低层次的心机修炼成高档次的城府。

成熟的人才是最可靠的人，而世故的人往往暗藏着“算计”，所以做人要成熟，但不要心机过重。做人应该以方正为准则，正直纯真，遵守道德规范，并执着于此间的爱与生活。只有在这个前提下的成熟，才是真正聪明的处世妙招。要达到这种境界，就要修心、修德，做到心静、心净。

第10章　收起你的斤斤计较，占小便宜吃大亏

天下没有免费的午餐，别总想着处处占便宜，这样做恐怕会使你失去更多宝贵的东西，不该自己享受的福分、从天而降的意外之财，很可能是某些人用来诈骗你的机关陷阱。我们如果不对此有所警戒，就难免上当受骗，落入这些诈术圈套中。认清诱惑，该舍弃的舍弃，该远离的远离，才会有真正的收获。

看清陷阱，天上不会掉馅饼

有一句老话叫“天下没有白吃的午餐”，话是直白了些，但道理深刻。

几百年前，一个老国王交给他最聪明的大臣一个任务：“你去给我编一本书，书中要包涵各时代的智慧，以传给我的子孙，让他们聪明起来。”

这个大臣接到任务之后，就带着一批人去编书了。他们花费了很长时间，整整编写了十二卷，几百万字。老国王看到他编好的书说：“我相信这是各时代的智慧结晶，但是它太厚了，我怕后人没有耐心将它看完，你最好把它浓缩一下。”

大臣又花费了不少时间，删掉了很多内容，最后将十二卷

书精简到一卷。但是，国王还是认为有些长，又命令大臣去压缩。大臣无奈，把这卷书浓缩到了一篇文章。老国王还是觉得有些长。大臣不得不又进行浓缩，把一篇文章浓缩到一页，后来又把一页浓缩到一段，最终，浓缩成了一句话：天下没有免费的午餐！

老国王看到这句话，十分高兴："各位爱卿，这可是各时代的智慧结晶啊！只要大家真正懂得了这句话，所有的问题都迎刃而解了。"

我们要牢牢记住，天上不会掉馅饼，世上没有免费的午餐。谁也不会把自己辛苦得到的午餐送给你，送给你的就好像糖衣炮弹，蜜糖下包裹的可能是致命的毒药。

收下免费的午餐，就得收下伴随而来的诸多麻烦，这就叫"吃不了兜着走"。季大妈曾跟人讲过自己受骗的经历。一天，她走在繁华的马路上，突然看到路边不引人注目的角落里放着一个钱包。钱包的拉链敞开着，里面露出几张百元大钞。她顿时就动了心，上去把它捡了起来。她正想揣了钱离开时，旁边过来两个人警告她说："这不是你的钱，我们刚才什么都看见了，要想不让我们告发你，就得分给我们一半！这样吧，现在你口袋里有多少钱，随便给点就行！"

季大妈一时心慌，她想都没想，就把口袋里的上千元钱全部掏给了他们。等他们走远后，她越想越不对劲，再把捡到的钱拿出来仔细一看，发现竟然全是假币！

在生活中，许多骗子给善良的人们上过昂贵的“人生课”，这些都是血泪经验。有些人就是利用人性中贪图非分之财的弱点来行骗的。一旦你有所企图，他们就会抓住你对财富的贪欲，让你主动跳进他们事先设计好的陷阱中。

其实，每个人都有贪心的人性弱点，这样就使得人们在警惕性不足的情况下很容易上当。要识别陷阱不容易，但要了解陷阱的本质却不难。陷阱是形形色色的，大都经过了设计，真真假假，让人不容易看出来。但制造陷阱却只有一个最高的原则，那就是“尽力伪装”。

免费的午餐会以各种形式出现，比如，善意的面孔背后往往藏着恶心的要求；比如，赤裸裸的交易，比如送上门的好事，然而接下来却麻烦不断……

洪峰前天上午正在上班，邮递员送来了一封特快，信封上用较大的字打印着单位的地址和姓名。打开一看，是一张来自香港某有限公司的兑奖卡。刮开兑奖区露出了“恭喜发财”的字样，他看了一下，竟然是一等奖。他愣了一下，马上意识到，这是个骗局！

天下没有免费的午餐，不请自来的喜报说不定就是陷阱。千万不要有贪图便宜的心理，这样做恐怕会使你失去更多，甚至生命。如果有人莫名其妙地送午餐给你，一定要动脑筋想想这午餐里是不是有毒；如果有陌生人无缘无故将一些“好处”送给你，也一定要怀疑，这背后的企图是什么。

对此，《菜根谭》一针见血地指出："非分之福，无故之获，非造物之钓耳，即人世之机阱。此处着眼不高，鲜不堕彼术中矣。"意思是：不该自己享受的福分、从天而降的意外之财，即使不是上天故意诱惑你的钓饵，也肯定是人间歹徒用来诈骗你的机关陷阱。为人处世如不在这些地方睁大眼睛，就很难逃过这些诈术圈套，很少有人不上当受骗的。

总之，虽然骗子的圈套和陷阱千变万化，但万变不离其宗。只要牢记一句话，保你安全无险。这句话就是：天上不会掉馅饼，不是圈套就是陷阱！

诱惑面前，要坚守自己的原则和立场

在现实生活中，人总会面临许多诱惑，之所以称为诱惑，是它对人具有巨大的吸引力，容易动摇人们的意志，使人们作出违背初衷的选择。诱惑常以多种多样的姿态出现，金钱、名誉、身份、地位、不能兑现的谎言等。诱惑都是美丽的，它也许是你饥饿时的一块大蛋糕，也许是大把的钞票，也许是梦寐以求的职位等。

人在职场，有时我们就像遨游于水底觅食的鱼，不可避免地会面对各种诱饵，显性的或隐性的，或是金钱，或是美色，或是地位。大多数的时候，我们并不是因为粗心而忽略了

“饵”背后的钩，而是因为心怀太多的欲望与侥幸。不要总是怀着如何不被钓到，又能吞食诱饵的侥幸心理，否则，危险和自己就只有一步之遥了。

梅里特兄弟从德国移民美国后，定居在密沙比。通过辛勤的工作，兄弟俩积攒了一笔钱。后来，他们不动声色地收购地产，顺利地成立了铁矿公司。

洛克菲勒早就对这个铁矿垂涎三尺，而当他准备动手时，梅里特兄弟的铁矿公司已经开始经营运转。他只好等待时机，试图得到这个铁矿。

1837年，梅里特兄弟的铁矿公司陷入了经济危机的漩涡之中。在兄弟俩愁眉不展时，有位牧师来到他家。在闲聊中，梅里特兄弟不自觉地谈到了铁矿公司的危机。这位牧师说：“不用发愁，我是可以帮助你们的啊！”兄弟俩听了这话不禁喜出望外，对牧师说：“您有何高见？”牧师说：“我有一个朋友，看在我的面上，他可以支援你们需要的周转资金。”牧师很快就写了一封借42万元的介绍信，而且比银行利率低2厘。

兄弟俩简直不敢相信会有这样的好事降临在他们头上。牧师拿出笔墨立了一张借款字据：“今有梅里特兄弟借到考尔贷款42万元整，利息3厘，空口无凭，特立此为证。”梅里特兄弟粗略看了字据后，便高兴地签了字。

半年之后，这位牧师又来到梅里特兄弟家里，一进门，他十分严肃地对兄弟俩说：“我的朋友是洛克菲勒，他早上给我来了电报，要求马上收回那42万元贷款。”

梅里特兄弟此刻哪来的42万元偿还呢？无奈之下只好被逼上法庭。

原告律师说：“借据写的是考尔贷款。考尔贷款是贷款人随时可收回的贷款，所以它的利息要比一般贷款低，根据美国法律，借款人或者立即还清所借款，或者宣布破产！”

在这种情况下，兄弟俩只好宣布破产，将产业出卖，买主当然是洛克菲勒。

贪图任何便宜都容易被便宜咬伤了手，咬伤了身心。在现实生活中，诸多的诱惑总是接踵而来，金钱、美色、权力等让人心里奇痒难耐，在不经意间就被这些诱惑包围。如果不保持足够的警惕或克制力，很容易就中了某些人的圈套，任人宰割。

面对诸多诱惑，我们一定要学会摈弃。不要随意放纵自己，不要轻易向各种诱惑低头。在现实生活中，财富也好，欲望也罢，如果其触及了我们做人的底线，就应该坚定地予以拒绝。只有清清白白地做人，才能行得正，挺得直，留下好名声，收获人生中真正的财富。

我国著名的戏剧演员舒绣文，是事业上的成功者，也是清白做人的表率。一天，她的儿子小兆元没有买车票却乘了车，她知道后非常生气，严厉地批评儿子说：“一张车票不是小事，发展下去会犯罪的。这样有损人格的事不能做，做人要清清白白。”当天晚上，她就带着儿子赶到汽车总站补了票，还作了自我检讨。这件事，使兆元受到了深刻的教育。

像舒绣文这样的清白做人者，对人会实实在在，不贪图别人的便宜，不图谋不该得到的利益。这样做不仅能修养品格，也会带来内心的安宁。清白做人首先要去除贪欲，手不长，心不贪，在诸多的诱惑面前把持住自己，永远保持做人的清白。

有一家大型超市要招聘两名采购员，几经考核筛选，进入到了最后一个环节。这一环节只有一道这样的题目：“假如你是一条小鱼，面前有一条带钩的蚯蚓，你能想出几种吃到蚯蚓而不被钓上的方法吗？”答案自然是五花八门。最后，超市聘用了李航。他的答案很简单：“远离带钩的蚯蚓，永远别和诱惑较真。”

我们有时会遇到别人对你甜言蜜语、给你种种好处的情况，甜言蜜语使人十分舒适，而种种好处更使人陶醉。然而，最甜蜜的言语，也许是最毒的药物；臣服于诱惑将给我们造成不幸与灾难。认清诱惑，经常性地进行自我盘点，和诱惑保持足够的安全距离才能让自己健康发展。

吃亏是福，别在意一时的吃亏

安踏鞋业集团董事长丁志忠说过这样一句话：“你做每件

事情，都要让别人占51%的好处，自己只要留49%就可以了，长此以往，可以赢得他人的信任。”有所成就者不惮吃亏，他们让自己在吃亏中不断成长和成熟起来，并从而变得更加睿智。

吃亏，不是什么好事，但吃亏之后的后果，却不一定是坏事。“吃亏是福”道出的是一种潇洒的生活态度，敢于吃亏也是一种做人的方法。做人的可贵之处是乐于退让，用争夺的方法，你永远得不到满足；但是如果用让步的方法，你可以得到更多。事实就是如此，自己主动吃点亏，往往能把棘手的事情做好，能把很难处理的问题顺利解决。虽然自己吃了点亏，但会因此获取别人的好感，赢得好人缘，以后发展的道路也将被拓宽。所以说，吃亏并不是真的吃亏，这是一种隐性的心理投资。

李嘉诚曾经说过：“一件看起来是吃亏的事，往往会变得非常有利。”李嘉诚经常向人谈起他当年做生意时的一些经历，说明做生意要不怕吃亏，一时吃亏，长远来看却往往有利。

香港富豪李嘉诚常常教育两个儿子，要想成功，在与他人交往的时候，就必须要注意考虑对方的利益，不要占任何人的便宜。为了让儿子们真正明白这些道理，李嘉诚很早就开展了这方面的教育。

早在李泽钜和李泽楷刚八九岁时，李嘉诚每次召开董事会，都会让儿子坐在专门设置的小椅子上列席会议。

有一次，李嘉诚主持董事会讨论公司应拿多少股份的问题，他说："我们公司拿10%的股份是公正的，拿11%也可以，但是我主张只拿9%的股份。"

董事们有的赞成，有的反对，争论不休。这时李泽钜站在椅子上说："爸爸，我反对您的意见，我认为应拿11%的股份，这样能多赚钱啊。"弟弟李泽楷也急忙说："对，只有傻瓜才拿9%的股份呢！"

"哈哈，"李嘉诚禁不住笑了，他说，"孩子，这经商之道不是那么简单的，你想拿11%发大财反而发不了，你只拿9%，财源才能滚滚而来。"

随后，李嘉诚解释说："如果拿11%，董事们就会私下认为你们太贪心；拿10%虽不多不少，但显得平淡无奇；只有拿9%，才会让人觉得有素养，谦虚，不贪心，从而信任你们，愿意跟你们做生意。暂时吃点亏，这可是最好的广告啊！"

实践证明李嘉诚的观点是正确的。公司虽然只拿了9%的股份，但从此以后生意兴隆，迅速发展。

吃亏并非是损失。人都有趋利的本性，你吃点儿亏，让别人得利，就能最大限度地调动别人的积极性，使你的事业兴旺发达。聪明人一般不计较眼下的区区得失，而是把眼光放长远。虽然他们的好多行为让别人看起来都是没有意义的，甚至很吃亏。但是他们心里清楚，自己的努力肯定会在将来得到巨大的利益回报。

其实，越是不肯吃亏的人，越有可能吃亏，不但吃亏，而且往往还会吃大亏。唯有不计较吃亏的人，才会有真正的收获。我们不妨以一则形象的比喻来说明这个道理：桃子成熟后，毫不吝惜地将果实暴露在外面，任人随意享用，因此人们在食用它之后，会把果核种入土中，使其生生不息。栗子却相反，它吝啬地将果实深深地藏在壳内，好像竭力在自保一般，但人们还是设法剖开它的壳子，吃到它的果核，然后毫不在意地抛弃了果壳，因此栗子无法生根发芽，得到绵延子孙的机会。相比之下，对于得失的态度，桃子无疑聪明得多。

吃亏，虽然意味着舍弃和牺牲，却是一种高尚的品质、一种做人的风度。身在职场，在与人合作时，我们需要有点吃亏的精神。一位新人刚到一家单位，是不会负责太重要的工作的，如何让他人对你的工作能力产生信心呢？这完全体现在你的工作态度上。即便暂时从事的是一些扫地、打水这样的工作，也应该认认真真地将其做好，自己主动吃点亏，其实就是在给你以后积蓄成功的资本。

也许，短期内看来你是吃亏了，但你最终却能够收获更多。如果你什么事情都不肯吃亏，总爱斤斤计较、占便宜没完没了的话，就不会有人愿意与你共事、合作，你就会因为自己的小气丧失许多机遇；而一个懂得主动吃亏的人，往往会在吃亏中收获“厚积薄发”的资本。

主动吃亏的人会为自己减少很多职场中的阻力，使自己的路越走越宽。吃亏是福，这是一种人生的境界，更是一种做人的智慧，你的幸福之门将会在不断的吃亏中得到开启。

一味地追寻完美，只会让你疲惫不堪

在现实生活中，许多人容易一味追求完美，他们的初衷总是美好的，但是，如果不切实际地一味追求下去，最终往往只会自讨苦吃。适度追求完美无可厚非，但过度的完美主义却会弄巧成拙，让人焦虑沮丧而又难有收获。

心理学书籍指出，“完美主义是一种流行病”。完美主义者容易跟周围的人过不去。耶鲁大学的心理学教授高兰·沙哈认为，完美主义者通常先入为主地觉得自己比别人更能干，因此对人际交往感到厌倦，对他人和社会容易挑剔、仇视甚至攻击。

哈佛大学的毕业生柯维致力于心理学的研究，他曾接待过一位18岁的名叫卢安的高中生。卢安是个标准的全优生，踏进校门以来就一直如此。他每天花大量的时间拼命读书、学习，因而没有时间过自己的生活。卢安长到这么大还从未同女孩子拉过手，更别说约会了。他养成了一种神经性抽搐的习惯，每当别人谈及他性格的这一方面，他的面部就会抽搐。卢安一心想做一个最优秀的学生，并因此而忽略了个人生活。尽管他是个出类拔萃的优等生，但他却缺乏内心的安宁，而且实际上非常不幸福。在就诊之后，他开始意识到自己的问题。一年之后，他基本上克服了完美主义倾向。

许多人都希望自己能拥有一个完美的人生。这种美好的愿望本来无可厚非，但是这样的一种心态往往会导致事与愿违的局面。过分苛求完美，就会更多地关注到自己离完美的差距、一些不尽如人意之处，对自己的评判就容易失去全面性而变得不客观，容易忽略自己的诸多优点。所以，我们不要让完美主义妨碍自己，应试着将“力求完美”改成“尽力做好”。

人们追求完美的心态似乎无止境，然而，人生却总是有缺憾的。阿拉伯人说得形象：“世上没有不生杂草的花园。”说到底，人的一生不可能是完美的，也不可能拥有一切，在无法改变的时候，就应该用心去包容。下面是英国大作家萧伯纳写给年轻人的一封信，相信你读过之后，一定会受到启发……

你的来信收到了，你在信中说有三个小伙子在追求你，可能有一个将来能成为你的丈夫，也可能这三个人你都不选择。你在信中说你希望将来的爱人更优秀更出色，这是情理之中的。可一个非常优秀的人也往往有非常明显的缺点，那是由一个人的学历、经历、阅历所决定的。那种只有优点没有缺点的人是不存在的。

如果你留心一下，我们周围那些大龄未婚女子大多是优秀的女人。她们中只有很少一部分是真正想独身的，而大多数人只是没有找到自己心目中的白马王子，而不肯随便嫁一个人罢了。她们在按照自己心中的理想苦苦地寻觅着白马王子，可多年以后依然一无所获。

其实，不是这个世上没有好男子，而是这个世上没有被重新组合起来而没有任何缺点的男子。她们的悲剧不在于自己追求爱情与婚姻的完美，问题是，你追求的完美应该是世上存在的，现实生活中能寻找得到的……

萧伯纳这封简短的信，让我们知道了这样一个道理：在现实生活中没有十全十美的人，如果我们一味地追求完美，那么到头来只能是虚度年华。比较现实的做法是，找一个你认为比较适合自己的人与之相伴，尽管他或她可能有这样或那样的缺点，甚至是缺陷。

难道不是这样吗？恋爱时，挑了又挑，个头、长相、学历、家庭、财产……总幻想着能找个最完美的人，却可能在挑选和等待的时间里耽误了自己。结了婚，又开始新的一轮完美追求。生了孩子，将他以天才的标准打造，让孩子从小学钢琴、学绘画、学外语……要上最好的小学、最好的中学、名牌的大学，将来还要出国留学……但这一切可能都完美无缺地出现在孩子的面前吗？将弦绷紧在自己和孩子的身上，万一出现的不是理想的结局，心理能承受得住吗？多少人就是由于不知道及时而适当地调解自己的心态，心理在一瞬间轻易地崩溃了，一辈子就这样在完美的误导下非常不完美地毁灭了。

从完美主义梦中醒来吧。追求完美固然是一种积极的人生态度，但如果过分追求完美，往往会得不偿失。完美主义是个漂亮的陷阱。追求完美能使你获得巨大的成就感，虚荣心也得到极大满足，整日沾沾自喜；但也许会有一天，这个陷阱会悄无声息地吞没你！

有“舍”才有“得”，舍弃是一种大智慧

在我们的现实生活中，需要有一种放弃的清醒。在物欲横流、灯红酒绿的今天，摆在每个人面前的诱惑实在太多，这就需要保持清醒的头脑，勇于放弃。如果抓住想要的东西不放，甚至贪得无厌，就会带来无尽的压力、痛苦不安，甚至毁灭自己。

因为放不下到手的职务、待遇，有些人整天东奔西跑，耽误了更远大的前途；因为放不下诱人的钱财，有人费尽心思，利用各种机会去大捞一把，结果常常作茧自缚；因为放不下对权力的占有欲，有些人行贿受贿，不惜丢掉人格的尊严，一旦事情败露，后悔莫及……贪婪是大多数人的毛病，有时候只抓住自己想要的东西不放，就会为自己带来压力、痛苦、焦虑和不安。往往什么都不愿舍弃的人，结果却什么也没有得到。

舍弃是一种理智的行为。舍弃痛心，但不舍弃结果更惨。

被夹住的狼，会咬断自己的腿。它明白，再等下去，自己的肉会被煮在锅里。于是，它果断地舍弃一条腿。舍弃是一种生存的智慧，也是勇敢者的行为。成功者是那些善于取舍的人。舍弃是痛苦的，但不舍弃结果会更惨，所以应该理智地面对生活，该舍弃时就舍弃。

人生是复杂的，有时又很简单，甚至简单到只有取得和放弃。应该取得的完全可以理直气壮，不该取得的则当毅然放弃。取得往往容易心地坦然，而舍弃则需要巨大的勇气。

在中央台由王小丫主持的《开心辞典》中，王小丫总是面带微笑问参与者："还继续吗？"如果继续就有两种结果，一个是成功，接着进行下一关；一个是失败，退回到原来的起点。一连答对十二道题的人并不多。但是，很多选手都选择一直向前，有好多人都已经到了第十道题，但因为一次失误，又回到了起点。

一天，一位参与者幸运地答到了第九道题，当他把自己所有设定的家庭梦想都实现后，王小丫问："继续吗？"他坚决地回答："不，我放弃。"看到这里，很多观众都是一愣，王小丫也一愣。因为很少有人会主动放弃。

王小丫继续问他："真的决定放弃吗？"而且一连问了三次。他回答得连一点犹豫都没有。"不后悔？"王小丫问。他笑着说："不后悔，因为应该得到的我已经得到了。"

最终，他只答了九道题，没有向十二道的高峰冲击，但是他说，“我已经很满足了，因为人生有许多东西必须要放弃才会得到。”

另一位男主持人问他：“如果将来你的孩子长大后问你，爸爸，那天在《开心辞典》你为什么放弃了？你会怎么说？”他说：“我会告诉他，人生并不一定非要走到最高点。”主持人问：“那你的孩子如果问，那我以后考80分就满足了你怎么说？”

他笑着回答：“如果他觉得高兴，如果他付出自己应该付出的努力，那么我认同。”

全场立时响起了热烈的掌声。

做人要量力而行，更要学会放弃。主动放弃是一种智者的态度，也是一种生活的艺术。有所放弃才能有所选择，要获取必须先放弃。在人生的十字路口，执着是一种美丽；放弃，有时也是一种美丽。

善于舍弃，体现着当断则断的勇气，包含着审时度势的智慧，反映着一个人的素质和能力。学会舍弃，就得知道该舍弃什么，该把握什么。为了事业的成功，我们可以放弃消遣娱乐；为了纯真的情感，我们可以放弃金钱的诱惑；为了正义的真理，我们可以放弃利禄功名，乃至生命。放弃失落带来的痛楚，放弃心中所有难言的负荷，放弃对权力的角逐，放弃对金钱的贪欲，放弃烦恼，摆脱纠缠，使整个身心沉浸到轻松、宁静中去。于是，放弃那些人生的附庸与累赘，保留在我们生命中的就是那最有价值、最必要、最纯粹的部分。

勇于舍弃者精明，善于舍弃者高明。学会舍弃吧，摒弃那些多余的东西，不要让自己迷失方向，贪婪地占有只会占用大量的时间和精力，而这些时间和精力本来可以用于我们真正希望去做的事情。学会放弃才能卸下人生的种种包袱，轻装上阵，安然地等待生活的转机；懂得放弃，才能拥有一份成熟，才会活得更加充实、坦然和轻松。

人之所以会有许多痛苦，是因为不懂得放弃。当拥有了舍弃的勇气和智慧时，人生就会豁然开朗，马上向你展现出另外一番截然不同的景致。

第11章　别抢占荣誉，靠自己的双手争取功劳

在现实生活中，竞争可以说无处不在，不是争名，就是夺利，而且一争起来往往不择手段，认为这样才可能得到幸福。却不知，当你费尽心机地得到了这个，很快你又会开始惦记上了那个，如此反复纠缠，身心难安。一味的心狠手辣只会让人变得疯狂无比，最后陷在欲求不得的痛苦里，是无法获得成功与幸福的。

与其嫉妒，不如靠自己的双手致富

正泰集团董事长南存辉在谈到财富观时说：“财富是身外之物，生不带来，死不带走。企业创办初期主要是为了钱，但到了一定程度，更多的是为了一种责任。尽最大的努力去把事情做好，但不贪心、不贪婪，顺势而为。”这种时候，南存辉会强调一句：“财富不等于幸福，不要去眼红别人。”

当今年代，世界越来越光怪陆离、色彩斑斓。在物质极度丰富、科技高度发达的社会里，时尚名牌满天飞，美女香车招摇过，我们心中的欲望，常被挑逗得像是看见红色斗篷的斗牛。他人暴富的经历，更让我们血脉贲张，跃跃欲试；更不能忍受的是别墅洋房的诱惑……因此，太多的时候，我们会被世

上的金钱、名利、物质所迷惑，心中只想得到，只想将喜欢的统统掠为己有。

我们想要的太多，但是时间和精力是有限的，一味地贪大求全、什么都想要，什么好处都想占有，最后难免顾此失彼，甚至造成各种恶果。欲望是无止境的，欲望太强烈，心中就会充满矛盾、忧愁、不安，心灵上就会承受很大的压力，以至于活得很累。两千多年前，老子清醒地认识到人类贪婪自私的弱点，通过对名誉、财富、得失等问题的追问和思考，得出一个结论：过分地贪爱必然会付出沉重代价，过多地拥有必然导致失去更多。而幸福的人生并不在于拥有多少财富，拥有多高的地位，只在于将需求减至最少。

几千年前，古希腊著名的大哲学家苏格拉底说过这样的话："幸福的生活其实很简单，就是必需的物品一个也不少，没用的物品一个也不要。当我们为奢侈的生活而疲于奔波的时候，幸福的生活已经离我们越来越远了。"

苏格拉底之所以会说出这番话，是因为在这之前，几位学生曾想方设法地劝他到热闹的集市去闲逛。苏格拉底起初不愿意去。学生们就七嘴八舌地劝他说："集市里有数不清的新鲜玩意儿，什么好听的、好看的和好玩的应有尽有。您如果去了，一定会大有收获的。"苏格拉底寻思片刻，同意了学生的建议，决定去集市上看一看。

苏格拉底从集市回来，刚一走进课堂，立刻被学生们包围住了，他们好奇地问苏格拉底去集市有什么收获。苏格拉底看着学生们，停顿了一下说："此行我的确有一个很大的收获，就是发现这个世界上原来有那么多我并不需要的东西。"随后，苏格拉底说出了上面那番话。

苏格拉底选择了在我们看来最差的生活：冬天还穿着短衫，从不穿鞋；食物是最差的，房屋是简陋的。但是在他看来，这已经足够了，他在锻炼自己做到需求最少，而在最少的需求中得到最大的满足——这使他时刻都活在幸福之中。这就是苏格拉底告诉我们的：只有需求最少，才更容易得到幸福。

固然，人应该追求健康丰满，但脂肪过多会压迫人的心脏。拥有足够的金钱，可以使我们的生活更加安定，也可以使人生变得多姿多彩，但多余的金钱会压迫人的心灵。一切多余的念想、多余的追逐都会成为生命的负担。因此，人如果想要活得充实、潇洒、轻松、快乐、健康，就要善于放弃生命中的多余。

人应该尽力克制自己过高的欲望，培养知足常乐的生活态度。成龙在拍《我是谁》这部大片时，拍电影的场地是从贫穷的非洲到繁华的都市，该片拍完后，在一次接受采访时，成龙深有感触地说："在非洲，人们很容易满足，有面包能吃饱肚子，那就是幸福的一天。可是，繁华都市里的人，不用担心三餐，却有着很多的烦恼，他们总是在追求自己所不需要的东西。"

在现实生活中，人们总是喜欢拼命地追逐、抢夺、索取，认为这样才有可能得到幸福。却不知，当你费尽心机地得到了这个，消除了一个烦恼，很快你又会开始惦记上了那个，你就又会有新的烦恼。如此反复纠缠，身心难安。事实上，人们追求的东西往往是自己并不需要的。只要我们能设法降低自己的欲望，通过心理调节，使自己能够平静地对待目标，从而减轻或消除心理负担，幸福也就会悄然而至。

君子成人之美，不夺人功劳

孔子说："君子成人之美，不成人之恶，小人反之。"君子与小人只有一线之隔。成人之美是君子所为，这方显做人美德。而小人多乘人之危，把别人获得的功劳，不择手段地夺取过来作为自己的功劳，这是不折不扣的小人行为。在现代社会，这种做法一定要杜绝。南北朝时期的文学家颜之推曾说过："凡是有一点可取之处的人，都要称赞他，不能偷窃他人之美作为自己的美。"

要想有好的人缘，必须成人之美，称人之善。

成就他人之美，一副小肚鸡肠是不行的，必须胸怀坦荡，善于推荐他人，善于赞美他人、成就他人。思想意识中只有自己，对身处逆境需要帮助的人袖手旁观，这是一种对自己对他人不负责任的行为。如遇到他人需要你帮忙时，只要是你力所能及的，一定要给予支持与帮助，千万不可被自私自利的想法左右。

亚历山大和大流士在伊萨斯展开激烈大战，大流士失败后逃走了。一个仆人想办法逃到大流士那里，大流士询问自己的母亲、妻子和孩子们怎么样了，仆人回答说："他们都还活着，而且人们很尊重她们，礼遇跟您在位时一模一样。"

大流士听完之后，又问："亚历山大是否曾对我的妻子强施无礼？"仆人先发誓，随后说："陛下，您的王后跟您离开时一样，亚历山大是最高尚且最能控制自己的英雄。"

大流士听完仆人这番话，双手合十，对着苍天祈祷说："啊！宙斯大王！我祈求您，如果可能，就保佑我的王国天长地久。但是如果我不能继续称王了，我祈求您把这个主权交给亚历山大，因为他的行为高尚无比，对敌人也不例外。"

在平时的生活和工作中，我们稍加留心就可以做到成人之美。如果你想获得成功，就应该想方设法获得周围人的支持和帮助。只有你真诚地对待别人，对方才会与你真诚合作。善待他人也是一种习惯，成人之美也就是善待自己。

成人之美其实是一种高超的交际艺术。当你满足了别人的愿望之后，别人就会感激你，而且有知恩图报的想法。当你为别人提供了方便，使别人得到满足时，反过来别人也会设法为你提供方便，乐于成人之美的人总能得到别人的帮助和配合。

所以推荐别人也等于推荐自己，成就别人也等于成就自己。成人之美不会失去什么，相反会真正得到；得到的不只是一个人，更大的益处是得到一个人的心。

林徽因堪称旷世才女，她曾经与才子徐志摩有过一段恋情，但后来由梁启超牵线，林徽因成为梁启超的儿子、著名的建筑学家梁思成的恋人。

1931年梁思成从外地回来，林徽因很困扰地告诉他："我现在很苦恼，因为我同时爱上了两个人，不知道怎么办才好！"梁思成非常震惊，一种无法形容的痛苦涌上心头，他一夜无眠，翻来覆去地想：徽因到底和谁在一起会比较幸福？他虽然觉得自己在文学、艺术上有一定修养，但金岳霖作为著名的哲学家、逻辑学家及教育家，自己是远远不及的。

第二天，他平静地告诉林徽因："你是自由的，如果你选择了老金，我会为你们祝福的。"说着说着，两个人相拥而泣。后来这些话传到了金岳霖的耳朵里，金岳霖回复林徽因："看来思成是真正爱你的，我不能伤害一个真正爱你的人，我应该退出。"从此他们再也不提这件事，三个人仍旧是好朋友，经常在学业上互相讨论、促进。有时梁思成和林徽因吵了架，金岳霖总是想方设法地让他们重归于好。

从此，金岳霖再不动心，为了林徽因他终生未娶，待林梁的子女如同己出。

梁思成和金岳霖是真正领悟了爱情真谛的人，他们能尊重所爱之人的选择，给爱人自由。这种宽广心胸和洒脱性情让我们肃然起敬。我们即使无法达到这样的高度，起码应该学会如何去爱自己所爱的人。当爱情无缘时，不如洒脱放手，让对方更幸福，同时也让自己更轻松。

现代人也应修炼成人之美的大胸襟。要深深地体会到，当你称赞他人时，他人也会称赞你；你成就了他人之美，反过来他人也会成就你。成就他人的同时，也塑造了自己的好名声，这是智者所为。相反，经常乘人之危的人，掠夺了他人的利益也破坏了自己的形象，人人都会敬而远之，这无疑是愚蠢的做法。且记，君子成人之美，自己也美。

虚名浮利，何须牵挂

在现代社会，竞争可以说无处不在，人们不是争名，就是夺利，而且一争起来往往不择手段。名与利的确是十分诱人的东西，但一味争夺名利，让自己成为名利的囚徒，这样的人生有何乐趣？何况，争名夺利还会引来无穷无尽的灾难。

古人云：“求名之心过盛必作伪，利欲之心过剩则偏执。”官位、名声，相对于生命本质并无太多意义，不过是种外在的东西，名利有与无、得与失并非人生的关键，关键是你到底是名利的主人还是奴隶，在生命中是你支配它还是它支配你。千万别被名利销蚀异化，要能自控，不把一切看得太重，到了接近极限的时候，要能把握得准，跳得出这个圈子，不为利欲之争而舍弃一切。

在老子的《道德经》里，有一句话让人感受颇深："夫唯不争，故天下莫能与之争。"这句话的意思是，正因为不与人相争，所以天下没人能与他相争。可惜的是，两千多年来，能参悟和运用这一哲理的人真是凤毛麟角。在名利面前，往往争得你死我活，结果大都落得个遍体鳞伤、两手空空，有的甚至身败名裂、命赴黄泉。

其实，无论是职场，或是其他社会圈子，成功者、青云直上者、名利双收者毕竟是少数，更多的是为名利所困扰、因过分追求而落败的悲剧。既然现实生活如此之严酷，那我们为什么不把名利看淡一些，为什么不能视名利如过眼烟云呢？正泰集团股份有限公司董事长南存辉有感而发："看淡一些名，看淡一些利，你会感觉天地很宽广。"

华为总裁任正非是国际著名企业家，他为人一向低调，看轻名利，对各种采访、会议、评选避之唯恐不及，以近乎本能的防御姿态面对外界。

关于任正非的故事有许多。有人去华为办事，换了一圈名片后，才发现自己手里居然有一张是任正非的，急忙环顾左右，他人却早已不见了。有人在出差的飞机上，与一位和气的长者天南地北地聊了一路，事后才被告知那就是任正非，于是懊悔不迭。这些多少有点传奇的故事说明，任正非的名气很大，但他能不为之所困。

2002年，在北京举行的一次电信展上，任正非正在公司展台前接待客户。这时，一位五六十岁的男人走过来问他："华为总裁任正非来了没有？"任正非回答说："你找他有事吗？"那人回答说："也没什么事，就是想见见这位传奇人物究竟是个什么样子。"任正非说："实在不凑巧，他今天没有过来，但我一定会把你的意思转达给他。"

任正非在一篇文章中说："在我领导的集体中，每年都有大批员工立功受奖，唯独我这个领导者从没受过嘉奖。我很早就习惯了自己不应得奖的平静生活，这也培养了我今天不争荣誉的心理素质。"

正是由于任正飞的"不争"品质，才使得他将更多的时间和精力用在管理公司上，带领着华为创造出了辉煌业绩。生活的意义是广泛的，人生的价值不能完全用名和利来衡量，因此若想活得有滋有味，就应该看淡名利，活出生活的本色来。

客观地讲，人生在世，适当地追求名利是无可厚非的，关键是不要过分追逐。对名利的欲望是一头难以驾驭的猛兽，它常常使我们对人生的舍与得难以把握，不是不及，便是过之，于是便产生了太多的悲剧。我们之所以举步维艰，是因为背负太重，之所以背负太重，是因为还不会放弃。在生活中，很多时候，懂得放下才能收获更多。

世界著名科学家爱因斯坦在异国时，曾被以色列国会邀请回国当总统，对此爱因斯坦婉言谢绝。他拒绝的原因是，自己的性格不适合当总统、搞政治，而适合当科学家、搞研究。在很多人深为不解也深感惋惜的情况下，他果断地放弃了。因为他真正地认清了自身的能力和价值，这不能不说是一种智慧之举。

我们不妨看轻名利，当名利场中的过客。首先，对于不属于自己应得的名和利，绝对不能要，否则，做一个沽名钓誉者，即便能暂时受益，日后也必定会带来无穷无尽的烦恼。对于那些勉强应得的名利，要有一种谦让的精神，以让代争，这会赢得他人好感，促进人际关系。即使是自己应得的名和利，也要善于将其转化为前进的动力，绝不能把名利当作炫耀的资本。

争是必要的，舍也是必需的。只有把“争”和“舍”融合在一起，该争的才争，不该争的就舍弃，才是圆满的做法。站在“不争”的立场来“争”，才不会乱争，才可能争得恰到好处。

乐于分享，让别人愿意接近你

上学时，老师经常告诫我们说：“好吃的东西不要一个人独吞，要适当分给大家一些。”那个时候，我们对这句话似懂非懂、半信半疑，所以总是随时与人争抢。等我们长大踏入社会后，现实的磨砺和复杂的人际关系，让我们彻底明白了这句话的深刻含义。我们渐渐明白，好东西不能自己独吞，要分给众人一些。“滋味浓时，减三分让人尝。此是涉世一极乐法。”在享受利益时，要分一些给别人，这是立身处世的最好方法。

如果你独享那份荣耀，就是在威胁别人的生存空间，因为你的荣耀会让别人变得黯淡，产生一种不安全感。因此当你在工作上有特别表现而受到奖励时，千万别独享荣耀，否则这份荣耀会为你带来更大的人际关系上的危机。

平凡在一家图书出版社担任编辑。他为人随和也很有才气，与领导和同事的关系非常融洽。舒心的工作氛围，给他创造了许多写作的机会，他拿起笔尽心尽力地写着。

有一次，他编辑的图书在评选中获得了大奖，而且位居排行榜榜首。社长除了新闻局颁发的奖金之外，另外给了他一个红包，并且当众表扬他的工作成绩。但是他并没有现场感谢领导和同事们的协助，更没有把奖金拿出一部分请客，所以大家虽然表面上不便说什么，但心里却感到不舒服。

同事们表面上纷纷向他祝贺。可是，一个月过去了，他发现工作氛围似乎有些僵硬，平日里的笑容全部消失了。单位里的同事，似乎都在刻意地躲避他，有的还有意和他过不去。尤其是他的上级领导，更因此而产生了不安全感，害怕失去权力；为了巩固自己的领导地位，也暗地里给他设置障碍，不时增加压力，他自然就没有好日子过了。一段时间以后，他终于找到了矛盾的根源，原来他犯了“吃独食”的错误。

这本书之所以可以获得大奖，平凡身为责编功劳自然很大，可是那毕竟不是凭他一个人的力量完成的，其他人也为此付出了很大的努力，这份荣耀他们也应当分得一份。所以，平凡一个人独占了所有的荣耀，别人心里当然不舒服，与他为难作对也就是很自然的了。

当你在工作上有特别表现而受到奖励时，千万记得“别独享荣耀”，否则在你享受荣誉的同时，就会给自己的职场关系埋下隐患。对于刚刚踏入职场的新人来说，获得荣耀固然可贵，但保持谦卑则更为重要。要不卑不亢不容易，对人要更客气、更尊重，荣耀越高，头就要越低。在某单位的一次公开招聘中，小温战胜了其他几位竞争对手登上了经理宝座；许多同事对他表示祝贺和赞赏，有人甚至当众夸奖他是几位候选人中实力最强的。小温却坦诚说道：“其实几位候选人各有千秋。论管理我不如老张，论经营我不如老周，论公关我不如小王。”后来，他以诚意挽留了这几位竞争者，而且根据各自特长作出了相应安排。宽厚的气度使他赢得了大家的尊重，也使他在工作中取得了显著成绩。

做人之境界往往体现在一个人对利益的看法上。明白人皆知：一个人独享成果，是一种“吃独食”的心态，这样会引起其他人的反感，容易堵死自己以后的路。因此当你在工作和事业上干出点名堂、小有成就时，应该学会与其他人分享。

首先，感谢他人。当荣誉到来时，你首先要感谢同事的鼓励、帮助和协作；尤其要感谢领导，感谢他的提拔、指导、授权。如果实际情况果真如此，那么你的感谢就是应该的。如果同事的帮助有限，领导也不值得恭维，你也有必要感谢他们，这样做虽然虚伪一些，却有很大的妙用，显得你谦虚谨慎，从而减少他人的嫉恨。

其次，与人分享。言语上的感谢是必不可少的，但是物质上的分享更不能缺。在荣耀之下，不妨请大家吃顿饭，在饭桌上真诚地感谢帮助过你的人。众人分享了你的荣耀，受到了你的尊重，你们今后关系会更加融洽。

最后，为人谦卑。人往往一有了荣耀就“忘了我是谁”地自我膨胀，这种心情是可以理解的，但旁人就遭殃了，他们要忍受你的嚣张气焰，却又不敢出声，因为你正在风头上；可是慢慢地，他们会在工作上有意无意地抵制你，不与你合作，让你碰钉子。因此有了荣耀，更要谦虚，以避免遭到别人的妒忌，招惹麻烦。

其实，不独享荣耀，说穿了就是不要去威胁别人的生存空间；而你的感谢、分享、谦卑正好让旁人吃下一颗定心丸。事实正是如此，一个人“吃独食”最危险，大家都有汤喝才是硬道理。这一处世法，是中国人心照不宣的“潜规则”。是否懂得这一规则，决定了一个人是阻力重重，还是步步高升！

别居功自傲，懂得分享果实

不单纯的人不懂得“双赢”，他们常常会以为合作就是你死我活，没有都赚的可能。其实，这种想法容易绝了他人的财路，自己也占不到什么便宜。

有一则寓言故事：一只狮子和一只狼同时发现了一只鹿，于是商量好共同去追捕那只鹿。它们互相配合，当狼把小鹿扑倒后，狮子便上前一口把小鹿咬死了。但这时狮子起了贪念，不想和狼平分这只小鹿，于是想把狼也咬死，可是狼拼命抵抗，最后它们两败俱伤，无法享受美味了。

试想一下，如果狮子不起贪念，和狼共享那只小鹿，也许就皆大欢喜了。大自然中的弱肉强食单纯是为了生存需要，顾及不了长久利益。但人类社会中，任何“你死我活”的竞争对自己都是不利的。所以已经有越来越多的人赞同“你活我也活”的双赢策略。

其实，我们不妨静下心来，仔细回味一下，在利益纠葛中究竟争的是什么。是钱？是面子？还是心理平衡？即使争到了，你能快乐得起来吗？这快乐又能维持多久呢？也许你争到了“理”，也许你争到了“利”，但现实生活中有很多事仅靠一个“争”字是解决不了问题的，与其去争，倒不如先“让”。这样就能化暴戾为祥和、化干戈为玉帛，最终获得“双赢”的结果。

在第49届世界乒乓球锦标赛的男子单打决赛中，中国选手马琳与白俄罗斯名将萨姆索诺夫的对阵进行得异常激烈。

比赛战至第二局，当比分打到4：4时，马琳一记凶猛扣杀，萨姆索诺夫奋力救球，球没有落到台面上，但刚好擦边。大概是球速太快，导致裁判员看错了，结果判萨姆索诺夫得分。

马琳十分温和地向裁判员示意，球擦的是球台的下边，得分的应该是自己。萨姆索诺夫也真诚地向裁判员示意，自己不该得分。但不知什么原因，裁判员依然坚持了原判。马琳无奈地摇了摇头，但表示服从裁判。观众席上出现了一片哗然、一阵骚动。

接下来，轮到马琳发球。就在此时，一幕戏剧性的场面出现了。所有观众都清楚地看到：萨姆索诺夫在完全可以接好发球的条件下，故意将发过来的小球轻轻地推到了网下！萨姆索诺夫用这种“自杀”输球的方式，回赠了马琳一分，维护了比赛的公平。

观众立即对萨姆索诺夫此举报以经久不息的掌声。马琳也对他连连点头致意。机敏的电视转播解说员立即进行了十分简洁且精彩的评论：乒乓绅士！面对经久不息的热烈掌声，谦和的萨姆索诺夫只是礼貌地笑了笑。

后来，当第49届世界乒乓球锦标赛即将落下帷幕之时，大家看到了一个众望所归的场面：体育传统道德风尚奖颁给了萨姆索诺夫。

面对对手，一定要不屈不挠，迎面而上，决不退缩，这似乎是共识。但明智的人选择了另一种方式：站到对手身边，把对手变成自己的朋友。所以，最好的办法不是打败对手，而是友好地站到他身边，把他变成自己的朋友，实现双赢。

在现代社会，各单位、公司都有晋升、加薪的机会，众多人都有争强好胜之心，因此，同事间相互竞争是正常的。围绕着一个共同的目标而展开的竞争，有利于相互促进，有利于共同目标和个人抱负的实现。在竞争的时代，有了竞争，才有发展；有了压力，才有动力；有了对手，自己才能日益强大。一个人要想成功，必须具备“你行我也行，你赢我也赢”的竞争意识。胜要胜得光荣，输要输得坦然；输者不嫉妒，胜者不骄傲。今天你胜利了，我衷心地向你祝贺，诚心向你学习。争而不伤团结，不失风格，得意时不忘形，受挫时不丧志。有了这种意识，就不会受嫉妒的折磨，取得成绩也变得越来越容易。

在任何时代，竞争都是一个永恒的话题。竞争应该在合作的怀抱里微笑。微笑竞争，携手同行，这是双赢的智慧，更是人生至高的境界。

参考文献

[1]徐多多.你的格局，注定你的结局[M].北京：现代出版社，2018.

[2]穆清.二十几岁要懂的人生经验[M].北京：经济管理出版社，2012.

[3]陈琦，田伟.人生经验全知道[M].北京：中央编译出版社,2010.

[4]邓捷.别让没有人生经验毁了你[M].北京：中国华侨出版社，2013.